应用型本科高校建设示范教材

实用运筹学

主　编　邢育红　于晋臣

中国水利水电出版社
www.waterpub.com.cn
·北京·

内 容 提 要

根据运筹学的学科特点，本书对传统运筹学的教学内容做了较大的改革。在系统地介绍运筹学的基本概念、基本原理、基本思想、基本方法的基础上，借助于专业的优化软件 Lingo 求解模型，特别突出解决实际问题的实用性。

本书共分 8 章，包括线性规划、运输问题、整数规划、目标规划、非线性规划、动态规划、图与网络分析、排队论。书中除了精选的例题外，每章后附有适量的习题和实用案例，供教学和自学用。

本书可作为普通本科院校和高职高专院校相关专业的教材，也可作为管理人员和工程技术人员的参考用书，还可以作为数学建模活动的培训用书和参赛学生的参考用书。

图书在版编目（ＣＩＰ）数据

实用运筹学 / 邢育红，于晋臣主编. -- 北京 : 中国水利水电出版社，2023.12
应用型本科高校建设示范教材
ISBN 978-7-5226-1920-0

Ⅰ．①实… Ⅱ．①邢… ②于… Ⅲ．①运筹学－高等学校－教材 Ⅳ．①O22

中国国家版本馆CIP数据核字(2023)第217414号

策划编辑：杜威　责任编辑：张玉玲　加工编辑：刘瑜　封面设计：苏敏

书　　名	应用型本科高校建设示范教材 实用运筹学 SHIYONG YUNCHOU XUE
作　　者	主　编　邢育红　于晋臣
出版发行	中国水利水电出版社 （北京市海淀区玉渊潭南路 1 号 D 座　100038） 网址：www.waterpub.com.cn E-mail：mchannel@263.net（答疑） 　　　　sales@mwr.gov.cn 电话：（010）68545888（营销中心）、82562819（组稿）
经　　售	北京科水图书销售有限公司 电话：（010）68545874、63202643 全国各地新华书店和相关出版物销售网点
排　　版	北京万水电子信息有限公司
印　　刷	三河市德贤弘印务有限公司
规　　格	170mm×240mm　16 开本　14.5 印张　276 千字
版　　次	2023 年 12 月第 1 版　2023 年 12 月第 1 次印刷
印　　数	0001－2000 册
定　　价	42.00 元

前　　言

本书以学生为中心，内容实用、通俗易懂，构建了完整的知识体系。课程教学目标不仅在于使学生掌握运筹学的基本概念、基本理论和方法，培养学生分析、解决实际问题的能力，更要在课程教学中把马克思主义立场观点方法的教育与科学精神的培养结合起来，注重科学思维方法的训练，形成严谨的科学态度，培养学生探索未知、追求真理、勇攀科学高峰的责任感和使命感，激发学生科技报国的家国情怀和使命担当。

运筹学是 20 世纪 40 年代发展起来的一门应用学科，是管理科学和现代化管理方法的重要组成部分，主要运用科学方法尤其是数学方法去研究现实世界中各种运行系统的最优化问题，目的是为决策者提供科学的决策依据。随着管理科学和计算机技术的发展，运筹学已广泛应用于国防、工业、农业、交通运输业、商业、政府机关等各个部门和领域。运筹学课程已逐渐成为管理科学、系统科学、工程管理、交通运输、物流工程等专业的专业基础课。

运筹学是一门应用性很强的课程，对于应用领域的实际问题，建立的数学模型大多比较复杂，人工计算要耗费大量的时间，短时间内很难求得最优解。随着计算机技术的普及，利用软件求解运筹学中的计算问题势在必行。另外，社会发展对应用型人才也提出了更高需求，越来越多的运筹学教育界同仁意识到，运筹学的教学应以引导学生在理解运筹学基本理论和方法的基础上提升学生的实践应用能力为首要目标。

习近平总书记在党的二十大报告中指出："教育是国之大计、党之大计。培养什么人、怎样培养人、为谁培养人是教育的根本问题。"高校作为国家战略科技力量，要坚持为党育人、为国育才，全面提高人才自主培养质量，着力造就拔尖创新人才。教学目标不仅在于使学生掌握课程的基本概念、基本理论和方法，更要在课程教学中培养学生的科学精神，培养学生探索未知、追求真理、勇攀科学高峰的责任感和使命感，激发学生科技报国的家国情怀和使命担当。

本书在系统介绍运筹学的基本原理、基本思想、基本方法的同时，更注重学生科学思维的训练，注重培养学生解决问题的实践能力，注重激发学生的探究欲望，培养学生的创新精神。本书的特色主要体现在以下几个方面：

（1）力求深入浅出，通俗易懂。

本书侧重点在于讲清楚运筹学的基本思想、方法、分析问题的思路，语言表达和内容选择上力求做到深入浅出，通俗易懂，避免烦琐的理论推导和计算，适于教学和自学。

（2）传承经典，强调应用。

作为教材，本书在内容的选择、例题的安排等方面尽量选用运筹学的经典实例和实践中最常见的运筹学问题，同时吸收了近年来出现的一些最新应用成果。

（3）注重学生实践能力的训练。

每章末配置了与实际应用相关的习题以及与本章内容联系紧密的案例，便于读者理解、巩固书中知识，提高解决实际问题的能力。

（4）应用 Lingo 软件。

为了让读者实现用最快捷的方法解决问题，本书应用 Lingo 软件作为解决问题的工具，Lingo 软件操作比较简单，语言易学易用，演示版可以在 Lingo 公司官网免费获取，方便教师和学生使用。

本书各个部分内容具有一定的独立性，因此可根据专业所侧重的应用领域以及具体教学目的和学时要求，有选择地组织教学内容。

本书共 8 章：线性规划、运输问题、整数规划、目标规划、非线性规划、动态规划、图与网络分析、排队论，其中于晋臣编写第 1～4 章，邢育红编写第 5～8 章。

在本书编写过程中，编者参考了一些资料，直接或间接引用了部分成果，在此向其作者表示感谢；山东交通学院教务处、理学院的领导与同事对本书的编写给予了热情的支持与指导，在此表示衷心感谢。

由于编者水平有限，书中难免有疏漏或不妥之处，敬请广大读者批评指正。

编　者

2023 年 7 月

目　　录

绪　论

0.1　运筹学简介

最早的运筹学工作出现在 20 世纪 30 年代末，当时的英国由于四面环海，遭到德国的全面封锁，为了对付德国的空袭，将有限的国防资源充分利用以达到最强战力成为当务之急．为此，一批英国科学家开始着手研究如何运用科学方法进行决策，以最大限度地利用战时资源．后来，在英国的影响下，美国、加拿大、澳大利亚、法国（戴高乐政府）等也先后建立了运筹学小组，纷纷从事作战计划的研究，并在实践中提高了作战效果．

"二战"期间，虽然运筹学已经诞生，但其研究方向主要集中于军事应用方面．战后，运筹学的研究重心开始转移到民用方面尤其是经济管理领域，这是战后运筹学发展的一个显著趋势．值得一提的是，运筹学军转民的工作虽然仍从英国开始，但却由美国发扬光大并后来居上而领先世界．

现如今，运筹学不仅在军事和工商业方面应用广泛，在其他领域如农业、建筑业、能源、交通运输、公用事业、政府工作、文教、卫生、体育、治安、环保、工程设计、社会福利等方面也得到了大量成功的应用．

0.2　运筹学名称

运筹学一词在英国称为 Operational Research，在美国称为 Operations Research，简称 OR，可直译为"运用研究"或"作业研究"．我国在 1956 年曾用过"运用学"这个名称，到 1957 年，我国科学家从"夫运筹策帷幄之中，决胜于千里之外"（见《史记·高祖本纪》）这句话中摘取"运筹"二字，将 OR 正式译为"运筹学"，后于 1964 年由中国数学会正式确定为国内通用的统一名称．中文"运筹学"表示运用、筹划，以策略取胜之意，比较恰当地反映了这门学科的性质和内涵．

0.3　运筹学定义

运筹学是一门应用科学，迄今为止，还没有统一且确切的定义，下面列举几个定义来作为参考.

莫斯（Morse）和金博尔（Kimball）曾将运筹学定义为："为决策机构在对其控制下业务活动进行决策时，提供以数量化为基础的科学方法."

《大英百科全书》定义为："运筹学是一门应用于管理有组织系统的科学，为掌管这类系统的人提供决策目标和数量分析的工具."

美国运筹学会定义为："运筹学是一种实验与应用的科学，用之于观察、理解和预测有目标的人机系统的行为，运筹学所研究的，通常是在要求分配有限资源的条件下，科学地决定如何最佳设计和运营人机系统."

《中国大百科全书》定义为："运筹学是用数学方法研究经济、民政和国防等部门在内外环境的约束条件下合理分配人力、物力、财力等资源，使实际系统有效运行的技术科学，它可以用来预测发展趋势，制订行动规划或优选可行方案."

《中国企业管理百科全书》定义为："运筹学应用分析、试验、量化的方法，对经济管理系统中人、财、物等有限资源进行统筹安排，为决策者提供有依据的最优方案，以实现最有效的管理."

《辞海》定义为："运筹学主要研究经济活动与军事活动中能用数量来表达有关运用、筹划与管理方面的问题，它根据问题的要求，通过数学的分析与运筹，作出综合性的合理安排，以达到经济有效地使用人力、物力."

事实上，至今人们在运筹学的许多关键问题上还存有争议，因此很难给出公认的定义，上面列举的几个定义，只是从不同角度对运筹学作出的不同解释.

0.4　运筹学模型

用运筹学解决问题时，根据研究对象的不同，需要构造各种不同的模型. 运筹学模型能把现实系统诸要素间的复杂关系抽象成数学关系式或其他简化形式，从而能够更简明地揭示复杂系统的本质特征，更准确地把握其变化规律. 应用运筹学模型对现实系统研究得到的结果，在很大程度上能够正确地指导人们的实践活动并得到满意的效果. 因此，根据现实系统的特征恰当地建立模型，是运筹学研究和解决问题的基础.

现有的运筹学模型绝大多数属于数学模型，所谓数学模型，是用数学符号表示出来的一个或一组数学表达式以及图表、图像、图示等用以描述现实系统特征及其内在联系的一种抽象工具. 从广义的角度理解, 数学模型包括数学中的各种概念、各种公式和各种理论. 从狭义的角度理解, 数学模型只指那些反映了特定问题或特定的具体事物系统的数学关系结构. 数学模型所表达的内容可以是定量的, 也可以是定性的, 但必须以定量的方式体现出来. 运筹学就是从定量分析的角度研究系统的变化规律, 从而对系统未来的情况作出预测, 因此, 运筹学模型通常运用定量分析的方法求得最优解, 以便确定最优决策方案.

运筹学模型可以用下列表达式描述.

目标的评价准则:

$$U = f(x_i, y_j, z_k)$$

约束条件:

$$g(x_i, y_j, z_k) \geqslant 0$$

其中, x_i 为第 i 个可控变量, y_j 为第 j 个已知参数, z_k 为第 k 个随机因素.

目标的评价准则一般要求达到最大或最小, 准则可以是单一的, 也可以是多个的. 约束条件可以没有, 也可以有多个. 当约束条件为等式时, 即为平衡条件. 当模型中无随机因素时, 称其为确定性模型, 否则为随机模型. 随机模型的评价准则可用期望值, 也可用方差, 还可用某种概率分布来表示. 当模型中可控变量只取离散值时, 称该模型为离散模型, 否则为连续模型.

需要指出, 虽然运筹学模型是要在一组约束条件下, 使得某一具体的目标评判标准达到最优, 但它所得出的解的质量取决于模型对实际问题刻画的完全性. 对一个实际问题而言, 模型的最优解只表明对这个模型是最好的, 只有当这个模型恰当地表达了实际问题时, 它的解对于实际问题才是最优的.

0.5 运筹学内容

运筹学按所解决问题性质的差别, 将实际问题归结为不同类型的数学模型, 这些数学模型构成了运筹学的各个分支, 依据模型性质不同主要划分为确定型、随机型、混合型三大类.

(1) 确定型. 这类模型的主要分支包括线性规划、整数规划、目标规划、非线性规划、图论、网络规划等.

(2) 随机型. 这类模型的主要分支包括排队论、对策论、决策论、可靠性理论等.

（3）混合型．这类模型既有确定型模型的特点，也有随机型模型的特点，主要分支包括动态规划、存储论、最优控制论等．

0.6　我国运筹学发展概况

朴素的运筹学思想在我国古代文献中就有不少记载，其中较为典型的有田忌赛马和丁谓修宫．

1. 田忌赛马

战国时期，齐威王和大臣田忌一起赛马，赛马的规则是：先将各自的马分成上、中、下三等，比赛时，分为三场，分别是上等马对上等马，中等马对中等马，下等马对下等马．但在每一等级中，齐威王的马都要比田忌的马稍强，因此比赛尚未开始，田忌便已处于下风．正式比赛时，田忌用自己的马和齐威王同等级的马进行比赛，果然，田忌以 0:3 完败于齐威王．后来，田忌的谋士孙膑为其献策，比赛时可以以下等马对齐威王的上等马，以上等马对齐威王的中等马，以中等马对齐威王的下等马．田忌听完后，采纳了孙膑的建议，果然，毫无悬念地输掉了第一场，但是接下来的两场，孙膑都取胜了，最终以 2:1 赢了齐威王．

田忌赛马其实是一个决策问题，是一场典型的博弈．在这场博弈中，田忌的马未变，但结果却截然不同．从 0:3 到 2:1 的改变，说明在博弈过程中，只要策略得当，充分发挥自身优势，身处逆境时完全有可能反败为胜．

田忌赛马不仅显示出我国古朴运筹学的某些思想精华及实践成就，还蕴含着现代运筹学的重要分支——博弈论的某些思想萌芽．

2. 丁谓修宫

北宋真宗年间，皇宫失火被烧为灰烬，丁谓受命主持修复工作．经过勘察分析，他发现此工程存在三个难题：第一，取土困难；第二，运输困难；第三，清除垃圾困难．抓住主要矛盾后，他采取了如下措施：在宫址前的大街上挖出一条长沟，取土烧砖；并将汴梁附近的汴水引入长沟灌水成渠形成一条水上通道，使装载外地建筑材料的船只直达宫址近前；待工程完毕后，再将失火焚毁和施工产生的建筑垃圾就近填入沟内，修复大街．

丁谓修宫的措施很巧妙，一沟多用，一举数得，节省了大量人力、物力、财力，加快了施工进度，真正做到了物尽其用．

丁谓修宫不仅是我国古朴运筹学的又一思想建树和实践成就，还蕴含着现代运筹学的重要方法——统筹法的某些思想萌芽．

虽然我国很早就产生了运筹学的某些朴素思想，并且出现了人类最早的运筹活动，但运筹学作为一门科学传入我国是在 20 世纪 50 年代.

20 世纪 50 年代中期，钱学森等著名科学家首倡将运筹学引进中国，后来一大批中国学者如华罗庚、许国志、周华章等在推广运筹学及其应用中做了大量工作，并取得了优秀的成绩.

1956 年，在钱学森、许国志的推动下，中国第一个研究运筹学的小组在中国科学院力学研究所成立，开始进行理论研究.

1958 年，流行较广的《运筹学》小册子的出版，开启了运筹学的启蒙之旅.

1959 年，第二个研究运筹学的部门在中国科学院数学所成立，当时的主要研究方向为排队论、非线性规划和图论，还有人专门研究运输问题、动态规划和经济分析.

1960 年，在济南召开了首次运筹学会议. 华罗庚向大会报告了研究心得和取得的成果.

1962 年，山东师范大学管梅谷教授提出并解决了"中国邮递员问题".

1963 年，钱学森倡导"计划评审法"的研究与应用. 同年，中国科学院数学所的运筹学研究室为中国科技大学应用数学系的第一届学生开设了较为系统的运筹学专业课，这是第一次在中国的大学里开设运筹学专业课.

1965 年，华罗庚倡导"统筹法"的研究并推广应用.

1970 年，华罗庚将"优选法"推广到全国各地生产第一线.

20 世纪 70—80 年代，越民义教授带领他的研究小组对马氏决策和数学规划做了重要研究，带动了一批后继者进行非线性规划算法的收敛性分析，得到了国际同行的认可.

1980 年 4 月，中国运筹学会成立，每四年举行一届代表大会，由华罗庚任第一届理事长.

1982 年 4 月，我国运筹学会正式加入国际运筹学联合会，积极开展同国际运筹学界的交流合作，逐步确立了中国运筹学会在国际上的地位.

1985 年初，我国又与一些亚太国家发起成立亚太运筹学联合会.

到了 20 世纪 90 年代，中国的运筹学界出了一批新人，其中的代表人物是堵丁柱教授，他对 Steiner 树的研究解决了国际上多年悬而未决的难题，被英国《大不列颠百科全书》列为 1992 年的全世界六项数学成果之最.

90 年代以后，运筹学在中国的应用也有许多质的变化. 首先，运筹学的应用同管理信息系统的研制紧密地结合起来，使运筹学和计算机科学的交叉日益深化；其次，运筹学的应用队伍逐渐专业化，比如中国军事运筹学会集合了海、陆、空各军种和军事研究及教育部门的运筹学家. 突出的运筹学应用工作在全国屡见不鲜，其中典型的工作是中国科学院系统科学研究所陈锡康教授在运筹学经典方法——投入产出法上发展起来的投入占用产出技术.

近年来，运筹学模型已广泛应用于许多领域并深入经济发展的各个方面，如生产管理、市场预测与分析、资源分配与管理、工程优化设计、运输调度管理、库存管理、企业管理、区域规划与城市管理、计算机与管理信息系统等.

可以预见，在我国现代化过程中，运筹学必将扮演越来越重要的角色，发挥越来越重要的作用，同时学科自身也会取得越来越大的进步，使我国在不久的将来跻身于运筹学世界强国之列.

第1章 线性规划

本章学习目标

● 了解线性规划模型的特点.

● 理解线性规划解的概念.

● 理解线性规划的对偶问题.

● 熟练掌握线性规划问题的软件求解.

● 熟练掌握线性规划的几个典型应用.

1.1 线性规划问题及其数学模型

1.1.1 引例

本小节将举两个简单实例，说明如何根据实际问题经过抽象来建立线性规划的数学模型.

例 1.1.1 生产计划问题.

某工厂在计划期内要安排生产 A、B 两种产品，已知生产单位产品所需设备台时及对甲、乙两种原材料的消耗，有关数据见表 1-1. 问：应如何安排生产计划，使工厂获利最大？

表 1-1

资源	产品		可用资源
	A	B	
设备/台时	1	2	8
甲/kg	4	0	16
乙/kg	0	4	12
单位利润/百元	3	5	

解 现在建立这个问题的数学模型.

设 x_1、x_2 分别为计划期内 A、B 两种产品的产量，z 为这两种产品的总利润，根据题意，显然有

$$z = 3x_1 + 5x_2$$

使总利润 z 达到最大是该厂追求的目标，因此称上式为**目标函数**，而变量 x_1、x_2 的值需要该厂进行决策，故称为**决策变量**.

由于生产 A、B 两种产品所需设备台时和对甲、乙两种原料的消耗分别不超过 8 台时和 16kg、12kg，因此决策变量 x_1、x_2 的值需满足：

$$\begin{cases} x_1 + 2x_2 \leqslant 8 \\ 4x_1 \leqslant 16 \\ 4x_2 \leqslant 12 \end{cases}$$

由于这三个不等式的左边都是关于变量 x_1、x_2 的函数，因此称之为**函数约束**.

又因 A、B 两种产品的产量不能为负值，故 x_1、x_2 的取值还需满足以下限制条件：

$$x_1 \geqslant 0 \ , \quad x_2 \geqslant 0$$

称之为**非负性约束**.

函数约束与非负性约束统称为**约束条件**.

这样，该问题的数学模型可归结为：在上述约束条件下，确定变量 x_1、x_2 的数值，使目标函数的函数值达到最大.

因此，该问题的数学模型可表示为

$$\max z = 3x_1 + 5x_2$$

$$\text{s.t.} \begin{cases} x_1 + 2x_2 \leqslant 8 \\ 4x_1 \leqslant 16 \\ 4x_2 \leqslant 12 \\ x_1, x_2 \geqslant 0 \end{cases}$$

其中，max 是英文 maximize（最大化）的缩写；s.t.是英文 subject to（服从于，受约束于）的缩写.

一般的生产计划问题可描述如下：

某企业拟用 m 种资源 $A_1, A_2, \cdots, A_m$ 生产 n 种产品 $B_1, B_2, \cdots, B_n$. 已知第 i 种资源的数量为 b_i，每生产一个单位第 j 种产品所消耗的第 i 种资源的数量为 a_{ij}，每单位第 j 种产品售出后所得利润为 c_j. 问：该企业应如何拟定生产计划才能使总利润最大？

设 x_j 为第 j 种产品 B_j 的产量（$j=1,2,\cdots,n$），z 为总利润，则有下面的数学模型：

$$\max z = \sum_{j=1}^{n} c_j x_j$$

$$\text{s.t.} \begin{cases} \sum_{j=1}^{n} a_{ij}x_j \leqslant b_i & (i=1,2,\cdots,m) \\ x_j \geqslant 0 & (j=1,2,\cdots,n) \end{cases}$$

例 1.1.2　食谱问题.

某医院的一位特需病人每天需要从食物中获取 2500kJ 热量、60g 蛋白质和 900mg 钙. 如果市场上只有 4 种食品可供选择，它们每千克所含的热量、营养成分和市场价格见表 1-2. 问医院应如何选购才能在满足营养需求的前提下使购买食品的费用最小？

表 1-2

食品	热量/（kJ/kg）	蛋白质/（g/kg）	钙/（mg/kg）	价格/（元/kg）
鸡肉	1000	50	400	15
鸡蛋	800	60	200	8
大米	900	20	300	6
白菜	200	10	500	2
每天需要量	≥2500	≥60	≥900	

解　该类问题通常称为食谱问题，也称为营养配餐问题.

（1）确定决策变量. 设 x_i（$i=1$ 为鸡肉，$i=2$ 为鸡蛋，$i=3$ 为大米，$i=4$ 为白菜）为第 i 种食品的购买数量（kg）.

（2）确定约束条件. 由病人对食物热量、蛋白质和钙的最低要求可以确定下面的约束条件：

$$1000x_1 + 800x_2 + 900x_3 + 200x_4 \geqslant 2500 \quad（热量约束）$$
$$50x_1 + 60x_2 + 20x_3 + 10x_4 \geqslant 60 \quad（蛋白质约束）$$
$$400x_1 + 200x_2 + 300x_3 + 500x_4 \geqslant 900 \quad（钙约束）$$
$$x_1, x_2, x_3, x_4 \geqslant 0 \quad（各食品购买量不能为负）$$

（3）确定目标函数. 本问题的目标是购买食品的费用为最小，而总费用为

$$15x_1 + 8x_2 + 6x_3 + 2x_4$$

所以，目标函数为

$$z = 15x_1 + 8x_2 + 6x_3 + 2x_4$$

从而，可得该问题的数学模型为

$$\min z = 15x_1 + 8x_2 + 6x_3 + 2x_4$$

$$\text{s.t.} \begin{cases} 1000x_1 + 800x_2 + 900x_3 + 200x_4 \geqslant 2500 \\ 50x_1 + 60x_2 + 20x_3 + 10x_4 \geqslant 60 \\ 400x_1 + 200x_2 + 300x_3 + 500x_4 \geqslant 900 \\ x_1, x_2, x_3, x_4 \geqslant 0 \end{cases}$$

其中，min 是英文 minimize（最小化）的缩写.

一般的食谱问题可描述如下：

有 n 种食品，每种食品中含有 m 种营养成分. 已知第 j（$j = 1, 2, \cdots, n$）种食品单价为 c_j，每天最大供量为 d_j；而每单位第 j 种食品所含第 i（$i = 1, 2, \cdots, m$）种养分的数量为 a_{ij}. 假定某种生物每天对第 i 种营养成分的需求量至少为 b_i，对第 j 种食品的摄入量不少于 e_j，而每天进食数量限制在 $[h_1, h_2]$ 范围内. 试求该生物的食谱，既可以保证该生物的营养需求，又能使总成本最小.

设 x_j 为每天提供给该生物食用的第 j 种食品的数量，则该问题的数学模型可表示为

$$\min z = \sum_{j=1}^{n} c_j x_j$$

$$\text{s.t.} \begin{cases} \sum_{j=1}^{n} a_{ij} x_j \geqslant b_i \\ h_1 \leqslant \sum_{j=1}^{n} x_j \leqslant h_2 \\ e_j \leqslant x_j \leqslant d_j \ (i = 1, 2, \cdots, m; \ j = 1, 2, \cdots, n) \end{cases}$$

1.1.2 线性规划问题数学模型的一般形式

通过对上述两个例子的具体分析，可发现这类问题的共同特征如下：

（1）每一个问题都可以用一组变量来表示某一方案，这组变量的定值就代表一个具体方案. 这组变量的取值往往要求非负，常常将其称为决策变量.

（2）存在有关的数据，同决策变量构成互不矛盾的约束条件，这些约束条件都可以表示为决策变量的线性等式或不等式.

（3）都有一个要求达到的目标，这个目标可以表示为关于决策变量的线性函

数，通常称为目标函数．按所考虑问题的不同，可要求目标函数实现最大化或最小化．

满足以上三个条件的数学模型称为线性规划（Linear Programming，LP）问题的数学模型（简称线性规划模型）．其一般形式为

$$\max(\min)\ z = c_1 x_1 + c_2 x_2 + \cdots + c_n x_n \tag{1}$$

$$\text{s.t.}\begin{cases} a_{11}x_1 + a_{12}x_2 + \cdots + a_{1n}x_n \leqslant (=,\geqslant)\ b_1 \\ a_{21}x_1 + a_{22}x_2 + \cdots + a_{2n}x_n \leqslant (=,\geqslant)\ b_2 \\ \qquad\qquad\qquad \vdots \\ a_{m1}x_1 + a_{m2}x_2 + \cdots + a_{mn}x_n \leqslant (=,\geqslant)\ b_m \\ x_j \geqslant (\leqslant) 0\ \text{或}\ x_j\ \text{自由} \qquad (j=1,2,\cdots,n) \end{cases} \tag{2}$$
$$\tag{3}$$

式（1）为**最优化目标函数**，其中 $z = c_1 x_1 + c_2 x_2 + \cdots + c_n x_n$ 称为**目标函数**；式（2）为**函数约束**；式（3）中的 $x_j \geqslant 0$ 称为**非负性约束**，$x_j \leqslant 0$ 称为**非正性约束**；式（2）、式（3）统称为**约束条件**；x_j（$j=1,2,\cdots,n$）称为**决策变量**．一般说来，满足式（2）和式（3）的解 $\boldsymbol{X} = (x_1, x_2, \cdots, x_n)^{\mathrm{T}}$ 有无穷多个，求解线性规划问题的目的就是从中找出一个能满足式（1）的解，作为该线性规划问题的最终决策．

a_{ij}、b_i、c_j 称为线性规划模型的参数，它们对于任一确定的线性规划模型都是常数．其中，a_{ij} 为技术系数，表示变量 x_j 取值为一个单位时所消耗的第 i 种资源的数量；b_i 为限额系数，表示第 i 种资源的拥有量；c_j 为价值系数，表示实际问题中的利润、产值、成本等价值．

综上所述，决策变量、目标函数和约束条件，是线性规划模型的三要素，其中后两者都是关于前者的线性表达式；而线性规划模型就是由最优化目标函数和约束条件这两部分构成的．

1.1.3　建立线性规划模型的步骤

总结 1.1.1 节中对实际问题建立数学模型的过程，可以得到一般线性规划问题建立线性规划模型的步骤如下：

（1）理解要解决的问题，即弄清楚在满足什么条件下实现什么目标．

（2）定义决策变量，即用一组变量 $(x_1, x_2, \cdots, x_n)$ 来表示解决问题的所有方案．一旦该组变量的值确定了，就代表一个具体的方案，对于大多数实际问题而言，变量的取值通常非负．

（3）列出约束条件，即将解决问题过程中所必须遵循的约束条件表示为决策

变量的线性等式或不等式.

（4）确定目标函数，即将问题所追求的目标表示为决策变量的线性函数，并根据实际问题的不同，将该函数最大化或最小化.

1.2 线性规划问题的图解法

图解法，是指借助于几何图形来求解线性规划问题的一种方法. 这种方法简单直观，有助于领会线性规划的基本性质以及线性规划问题求解的基本原理.

1.2.1 图解法的步骤

下面以例 1.1.1 来说明图解法求解的过程.

1. 图示约束条件，确定可行域

例 1.1.1 的非负性约束

$$x_1, x_2 \geqslant 0 \tag{4}$$

代表以 x_1 为横轴、以 x_2 为纵轴的直角坐标系的第一象限，首先画出它的图形，并适当选取单位坐标长度. 显然，满足该约束条件的解（对应坐标系中的一个点）均在第一象限内.

例 1.1.1 的三个函数约束为

$$x_1 + 2x_2 \leqslant 8 \tag{5}$$

$$4x_1 \leqslant 16 \tag{6}$$

$$4x_2 \leqslant 12 \tag{7}$$

先就式（5）说明这类约束图形的画法.

取式（5）的等式，得到

$$x_1 + 2x_2 = 8 \tag{8}$$

容易得到该直线的两个点：$(8,0)$ 和 $(0,4)$，过这两点画一条直线，即为式（5）的边界. 取原点 $(0,0)$ 作为参照点，代入式（5）左端，得 $0 + 2 \times 0 = 0 \leqslant 8$，满足式（5），这说明原点是式（5）所代表图形内的一点. 由此可以断定：式（5）的图形为其边界（8）及其左下方（包含原点）的区域.

类似地，可以分别画出式（6）、式（7）所表示的区域. 同时满足式（5）～式（4）的点如图 1-1 所示，图中凸多边形 $OABCD$ 所包含的区域（用阴影线标示）即为例 1.1.1 的可行域.

图 1-1

区域 $OABCD$（包括其边界）上的每一点，都是例 1.1.1 的线性规划模型的一个解，一般称为**可行解**. 区域 $OABCD$ 是该线性规划模型的解集合，一般称为**可行域**.

2. 图示目标函数

由于 z 是一个要优化的目标函数值，若随 z 的变化，由小到大适当地给 z 赋值，如令 $z = 0, 15, 30, 45, \cdots$，可得到一族斜率为 $-\dfrac{3}{5}$ 的平行直线，由于位于同一直线上的点均具有相同的目标函数值，因而这族平行直线通常称为**等值线**，如图 1-2 所示. 取 z 的两个不同的值，画出两条平行线，再垂直于它们画一直线，取 z 值沿该直线递增的方向（即 $z = 3x_1 + 5x_2$ 的梯度方向），即为 z 值增加最快的方向（在图 1-2 中指向右上方）.

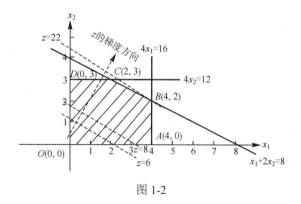

图 1-2

3. 确定最优解

最优解是可行域中使目标函数达到最优的点，由于例 1.1.1 的目标要求为取最大，因此需要沿 $z = 3x_1 + 5x_2$ 的梯度方向平行移动直线. 当代表目标函数

$z = 3x_1 + 5x_2$ 的那条直线由原点开始向右上方移动时，z 值逐渐增大，一直移动到代表目标函数的那条直线与约束条件形成的凸多边形 $OABCD$ 相切时为止，切点（点 B）就是代表最优解的点（图 1-2）. 此时，若再继续向右上方移动，z 值虽然仍然可以继续增大，但在代表目标函数的直线上找不出一个点位于约束条件形成的凸多边形内部或边界上.

例 1.1.1 中，代表目标函数的直线与凸多边形的切点是**最优点 B**，该点坐标可由求解直线方程 $x_1 + 2x_2 = 8$ 和 $4x_1 = 16$ 得到，为 $(x_1, x_2) = (4, 2)$. 将其代入目标函数，算出相应于最优点 B 的目标函数值：

$$z = 3x_1 + 5x_2 = 3 \times 4 + 5 \times 2 = 22$$

最优点的坐标值称为**最优解**，简称为**解**，记为 $\boldsymbol{X}^* = (x_1^*, x_2^*)^{\mathrm{T}}$；$\boldsymbol{X}^*$ 对应的目标函数值称为**最优值**，记为 z^*. 例 1.1.1 的最优解为 $\boldsymbol{X}^* = (4, 2)^{\mathrm{T}}$，最优值为 $z^* = 22$，即最优生产方案为：生产 A 产品 4 件，B 产品 2 件，工厂获得最大利润，为 22 百元.

1.2.2　线性规划问题求解的几种可能结果

对一般的线性规划问题，求解结果可能出现下述几种情况.

1. 唯一最优解

线性规划问题具有唯一最优解，是指该线性规划问题有且仅有一个既在可行域内、又使目标值达到最优的解. 上例中求解得到问题的最优解是**唯一**的，就属于这种情况.

2. 无穷多最优解（多重最优解）

线性规划问题具有无穷多最优解，是指该线性规划问题有无穷多个既在可行域内、又能使目标值达到最优的解.

若将例 1.1.1 中的目标函数变为求 $\max z = 2x_1 + 4x_2$，则表示目标函数中以参数 z 的这族平行直线与约束条件 $x_1 + 2x_2 \leqslant 8$ 的边界线平行. 当 z 值由小变大时，将与线段 BC 重合. 线段 BC 上任意一点都使 z 取得相同的最大值，该线性规划问题此时有无穷多最优解（多重最优解）.

3. 无界解

线性规划问题具有无界解，是指最大化问题中的目标函数值可以无限增大，或最小化问题中的目标函数值可以无限减小.

对下述线性规划模型：

$$\max z = 3x_1 + 2x_2$$

$$\text{s.t.} \begin{cases} -2x_1 + x_2 \leqslant 2 \\ x_1 - 3x_2 \leqslant 3 \\ x_1, x_2 \geqslant 0 \end{cases}$$

用图解法求解的结果如图 1-3 所示．从图 1-3 中可以看出，该问题可行域无界，目标函数值可以增大到无穷大．这种情况即为无界解．

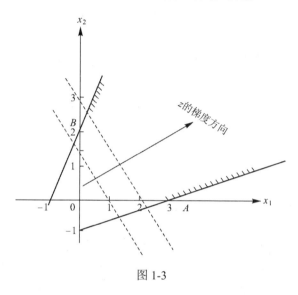

图 1-3

4. 无可行解

线性规划问题无可行解，是指线性规划问题中的约束条件不能同时满足，可行域不存在．

如果在例 1.1.1 的数学模型中增加一个约束条件 $-2x_1 + x_2 \geqslant 4$，该问题的可行域为空集，此时没有可行解，更不存在最优解．

其中，唯一最优解和无穷多最优解为**有最优解**，无界解和无可行解为**无最优解**．当线性规划问题无最优解时，求解结果必为无界解和无可行解两种情形之一，此时，线性规划问题的数学模型肯定有错误：前者缺乏必要的约束条件，后者是有矛盾的约束条件（资源条件满足不了人们的要求），建模时应予以注意．

1.2.3　图解法的几点说明

应用图解法时，需要注意以下几点：

（1）图解法是求解二维线性规划问题（即问题只有两个决策变量）最简单的解法，但是对三维以上的线性规划问题却不适用．

（2）若线性规划模型中存在等式约束，则其代表的区域仅为一直线，此时可行域若存在的话必然在此直线上.

（3）当线性规划问题的可行域非空时，它是有界或无界凸多边形. 若线性规划问题存在最优解，则它一定在可行域的某个顶点得到；若在两个顶点同时得到最优解，则它们连线上的任意一点都是最优解，即有无穷多最优解.

1.3　线性规划模型的标准形

由于目标函数和约束条件内容上的差别，线性规划问题有各种不同的形式. 例如，就目标函数而言，有的要求最大化，有的要求最小化；就函数约束而言，有 ⩽、=、⩾ 三种形式；就决策变量而言，有的要求非负，有的要求非正，还有的无此要求. 这种多样性不仅给研究带来不便，而且难以寻找一种通用解法. 为了便于讨论和制定统一的算法，规定线性规划问题的标准形如下：

$$\max\ z = c_1x_1 + c_2x_2 + \cdots + c_nx_n$$

$$\text{s.t.}\begin{cases} a_{11}x_1 + a_{12}x_2 + \cdots + a_{1n}x_n = b_1 \\ a_{21}x_1 + a_{22}x_2 + \cdots + a_{2n}x_n = b_2 \\ \quad\quad\quad\vdots \\ a_{m1}x_1 + a_{m2}x_2 + \cdots + a_{mn}x_n = b_m \\ x_1, x_2, \cdots, x_n \geqslant 0 \end{cases}$$

标准形的线性规划模型中，目标函数为求最大值，函数约束全为等式，约束条件右端常数项 b_i 全为非负值，变量 x_j 的取值全为非负值.

有时为方便起见，也将上述方程组形式的标准形用矩阵描述：

$$\max\ z = \boldsymbol{C}^\mathrm{T}\boldsymbol{X}$$

$$\text{s.t.}\begin{cases} \boldsymbol{AX} = \boldsymbol{b} \\ \boldsymbol{X} \geqslant \boldsymbol{0} \end{cases}$$

其中，$\boldsymbol{C} = \begin{pmatrix} c_1 \\ c_2 \\ \vdots \\ c_n \end{pmatrix}$，$\boldsymbol{A} = \begin{pmatrix} a_{11} & a_{12} & \cdots & a_{1n} \\ a_{21} & a_{22} & \cdots & a_{2n} \\ \vdots & \vdots & & \vdots \\ a_{m1} & a_{m2} & \cdots & a_{mn} \end{pmatrix}$，$\boldsymbol{X} = \begin{pmatrix} x_1 \\ x_2 \\ \vdots \\ x_n \end{pmatrix}$，$\boldsymbol{b} = \begin{pmatrix} b_1 \\ b_2 \\ \vdots \\ b_m \end{pmatrix}$，$\boldsymbol{0} = \begin{pmatrix} 0 \\ 0 \\ \vdots \\ 0 \end{pmatrix}$.

下面讨论如何变换为标准形的问题.

（1）若目标函数要求为最小化，即 $\min\ z = \boldsymbol{C}^\mathrm{T}\boldsymbol{X}$. 这时只需将目标函数求最小变换为目标函数求最大，即令 $z' = -z$，于是得到 $\max\ z' = -\boldsymbol{C}^\mathrm{T}\boldsymbol{X}$. 这就同标准形的目标函数的形式一致了.

（2）约束条件的右端项 $b_i < 0$ 时，只需将等式或不等式两端同乘-1 即可.

（3）约束条件为不等式. 当约束条件为"$\leqslant$"时，可在不等式的左端加入一个非负松弛变量，把原"$\leqslant$"不等式变为等式；当约束条件为"$\geqslant$"时，可在不等式的左端减去一个非负剩余变量，把原"$\geqslant$"不等式变为等式. 松弛变量或剩余变量在实际问题中分别表示未被充分利用的资源和超出的资源数，均未转化为价值和利润，所以引进模型后它们在目标函数中的系数均为 0.

（4）若存在取值无约束的变量 x_k，可令 $x_k = x'_k - x''_k$，其中 $x'_k, x''_k \geqslant 0$.

（5）对 $x_k \leqslant 0$ 的情况，令 $x'_k = -x_k$，显然 $x'_k \geqslant 0$.

下面举例说明.

例 1.3.1　将下述线性规划模型化为标准形.

$$\min\ z = x_1 + 2x_2 + 3x_3$$

$$\text{s.t.} \begin{cases} x_1 + 2x_2 - x_3 \leqslant 15 \\ 2x_1 + 3x_2 - x_3 \geqslant 16 \\ -x_1 - x_2 + x_3 \geqslant -12 \\ x_1 \geqslant 0, x_3 \leqslant 0 \end{cases}$$

解　上述模型中令 $z' = -z$，$x_2 = x'_2 - x''_2$，其中 $x'_2 \geqslant 0$，$x'_2 \geqslant 0$，$x'_3 = -x_3$，则可得该模型的标准形如下：

$$\max\ z' = -x_1 - 2x'_2 + 2x''_2 + 3x'_3$$

$$\text{s.t.} \begin{cases} x_1 + 2x'_2 - 2x''_2 + x'_3 + x_4 = 15 \\ 2x_1 + 3x'_2 - 3x''_2 + x'_3 - x_5 = 16 \\ x_1 + x'_2 - x''_2 + x'_3 + x_6 = 12 \\ x_1, x'_2, x''_2 x'_3, x_4, x_5, x_6 \geqslant 0 \end{cases}$$

1.4　线性规划问题解的概念

在讨论线性规划问题的求解前，先来了解一下线性规划问题解的概念.

设线性规划模型的标准形为

$$\max\ z = C^{\mathrm{T}} X$$

$$\text{s.t.} \begin{cases} AX = b \\ X \geqslant 0 \end{cases}$$

其中，A 为 $m \times n$ 矩阵，$m \leqslant n$ 并且假定 $r(A) = m$，显然 A 中至少有一个 $m \times m$ 子矩阵 B，使得 $r(B) = m$.

1. 可行解

满足约束条件的向量 $\boldsymbol{X} = (x_1, x_2, \cdots, x_n)^{\mathrm{T}}$，称为线性规划问题的可行解．所有可行解构成的集合称为可行域．

2. 最优解

满足最优化目标函数的可行解称为最优解，即使得目标函数达到最大值的可行解就是最优解．

3. 基

$\boldsymbol{A}$ 中 $m \times m$ 子矩阵 $\boldsymbol{B}$ 满足 $r(\boldsymbol{B}) = m$，则称 $\boldsymbol{B}$ 是线性规划问题的一个基矩阵（简称基）．当 $m = n$ 时，基矩阵唯一；当 $m < n$ 时，基矩阵可能有多个，但数量不会超过 C_n^m．

4. 基向量、非基向量、基变量、非基变量

设线性规划问题的系数矩阵为

$$\boldsymbol{A} = \begin{pmatrix} a_{11} & a_{12} & \cdots & a_{1m} & \cdots & a_{1n} \\ \vdots & \vdots & \vdots & \vdots & & \vdots \\ a_{m1} & a_{m2} & \cdots & a_{mm} & \cdots & a_{mn} \end{pmatrix} = (\boldsymbol{P}_1 \quad \boldsymbol{P}_2 \quad \cdots \quad \boldsymbol{P}_m \quad \cdots \quad \boldsymbol{P}_n)$$

由基的定义可知，若 $\boldsymbol{B}$ 是线性规划问题的一个基，则 $\boldsymbol{B}$ 由 m 个线性无关的列向量组成．不失一般性，可设

$$\boldsymbol{B} = \begin{pmatrix} a_{11} & a_{12} & \cdots & a_{1m} \\ \vdots & \vdots & & \vdots \\ a_{m1} & a_{m2} & \cdots & a_{mm} \end{pmatrix} = (\boldsymbol{P}_1 \quad \boldsymbol{P}_2 \quad \cdots \quad \boldsymbol{P}_m)$$

称 $\boldsymbol{P}_j$（$j = 1, 2, \cdots, m$）为基向量，与基向量 $\boldsymbol{P}_j$ 对应的变量 x_j（$j = 1, 2, \cdots, m$）为基变量；称 $\boldsymbol{P}_j$（$j = m+1, m+2, \cdots, n$）为非基向量，变量 x_j（$j = m+1, m+2, \cdots, n$）为非基变量．

5. 基本解

对某一确定的基 $\boldsymbol{B}$，令非基变量等于 0，利用函数约束求得基变量，则这组解称为基 $\boldsymbol{B}$ 的基本解（也称基解）．若基本解中有一个或更多个基变量取值为零，则称之为退化基本解．

6. 基本可行解

满足非负性约束的基本解，称为基本可行解（也称基可行解）．若它是退化的，则称之为退化基本可行解．

7. 最优基本解

最优解对应的基本解称为最优基本解.

8. 可行基

基本可行解对应的基称为可行基. 上述线性规划问题具有基本解的数目最多是 C_n^m 个. 一般基本可行解的数目要小于基本解的数目.

9. 最优基

最优基本解对应的基称为最优基.

以上给出了线性规划问题解的概念和定义, 它们将有助于用来分析线性规划问题的求解过程.

1.5　线性规划的对偶问题

1.5.1　对偶问题的提出

在例 1.1.1 中讨论了生产计划问题及其数学模型, 现从另一角度来讨论这个问题.

假设该工厂的决策者决定不生产产品 A、B, 而把原拟用于生产这两种产品的所有资源出售. 这时工厂的决策者就要考虑如何给每种资源定价的问题.

就设备台时而言, 由于每一台时的价格等于其成本加上所创造的利润, 而台时成本为常数, 因此只需确定其所创利润.

设 y_1、 y_2、 y_3 分别为出售单位设备台时和单位原材料甲、乙的利润, w 为总利润 (单位: 百元).

决策者在做定价决策时, 会有如下考量: 若用 1 个单位设备台时和 4 个单位原材料甲可以生产一件产品 A, 获利 3 元, 那么生产每件产品 A 的设备台时和原材料出让的所有收入应不低于生产一件产品 A 的利润, 即

$$y_1 + 4y_2 \geqslant 3$$

同理, 生产每件产品 B 的设备台时和原材料出让的所有收入应不低于一件产品 B 的利润, 即

$$2y_1 + 4y_3 \geqslant 5$$

把工厂所有设备台时和原材料都出让, 其总利润为

$$w = 8y_1 + 16y_2 + 12y_3$$

从工厂的决策者角度来看, 固然 w 越大越好, 但也不能要求目标为 $\max w$,

因为这势必导致 $w \to \infty$，这显然是不现实的. 另外，从接受者的角度来看，他的支付越少越好，况且为了竞争市场，商品售价也不宜定得过高，所以工厂的决策者只能在满足大于或等于所有产品的利润的前提下，提出一个尽可能低的出让价格，才能实现其意愿.

从而，工厂的资源定价模型可描述为

$$\min w = 8y_1 + 16y_2 + 12y_3$$

$$\text{s.t.} \begin{cases} y_1 + 4y_2 \geqslant 3 \\ 2y_1 + 4y_3 \geqslant 5 \\ y_1, y_2, y_3 \geqslant 0 \end{cases}$$

显然，这是一个线性规划模型，称其为例 1.1.1 线性规划问题（原问题）的对偶问题.

上面两个线性规划问题有着重要的经济含义. 原问题考虑的是充分利用现有资源，以产品的数量和单位产品的利润来决定企业的总利润，没有考虑到资源的价格. 但实际在构成产品的利润中，不同的资源对利润的贡献也不同，它是企业生产过程中一种隐含的潜在价值，经济学中称为**影子价格**.

1.5.2 原问题与对偶问题的关系

原问题与对偶问题的关系见表 1-3.

表 1-3

项目	原问题（或对偶问题）	对偶问题（或原问题）	备注
目标要求	max ↔ min		
规范不等式约束的式号	$\leqslant$	$\geqslant$	
系数矩阵	$(a_{ij})_{m \times n}$	$(a_{ji})_{n \times m}$	
函数约束与变量	第 k 个约束 ↔ 第 k 个变量 约束个数 = 变量个数 第 k 个右端常数 = 第 k 个价值系数		$k = i$ 或 j $i = 1, 2, \cdots, m$ $j = 1, 2, \cdots, n$
	（非）规范不等式约束 ↔ 非负（正）变量 等式约束 ↔ 自由变量		

记住表 1-3 中的对应关系，能够很容易地直接写出任一线性规划问题的对偶问题.

例 1.5.1 试求下述线性规划问题的对偶问题：

$$\min z = 2x_1 + 3x_2 - 5x_3 + x_4 \tag{9}$$

$$\text{s.t.}\begin{cases} x_1 + x_2 - 3x_3 + x_4 \geqslant 5 & (10) \\ 2x_1 + 2x_3 - x_4 \leqslant 4 & (11) \\ x_2 + x_3 + x_4 = 6 & (12) \\ x_1 \leqslant 0;\ x_2, x_3 \geqslant 0 & (13) \end{cases}$$

解 由于上式目标要求为 min，故其对偶问题目标要求必为 max；又式（10）对应 y_1，式（11）对应 y_2，式（12）对应 y_3，且式（10）~式（12）的右端常数就是对偶问题目标函数的系数，故易得对偶问题的目标函数：

$$\max w = 5y_1 + 4y_2 + 6y_3$$

由 x_1 的系数可得对偶问题的第一个约束：

$$y_1 + 2y_2 \geqslant 2$$

其中的不等号"$\geqslant$"是由 $x_1 \leqslant 0$ 决定的．因为 x_1 为非正变量，故它对应非规范不等式约束，而对偶问题的目标要求为 max，故与之相应的"$\geqslant$"为非规范，从而就确定上式为"$\geqslant$"形式的约束．

再由 $x_2, x_3 \geqslant 0$，而非负变量对应规范不等式约束，且与自身目标相反的"$\leqslant$"为规范，故由 x_2、x_3 的系数可得对偶问题的第二个、第三个约束：

$$y_1 + y_3 \leqslant 3$$
$$-3y_1 + 2y_2 + y_3 \leqslant -5$$

又由 x_4 自由知其对应等式约束，于是由 x_4 的系数可得对偶问题的第四个约束：

$$y_1 - y_2 + y_3 = 1$$

最后，由该问题的目标要求 min 可知：式（10）为规范不等式约束，它对应非负变量 $y_1 \geqslant 0$；式（11）为非规范不等式约束，它对应非正变量 $y_2 \leqslant 0$；而等式约束式（12）对应自由变量 y_3，于是有

$$y_1 \geqslant 0,\quad y_2 \leqslant 0$$

综上，可得上述问题的对偶问题为

$$\max w = 5y_1 + 4y_2 + 6y_3$$

$$\text{s.t.}\begin{cases} y_1 + 2y_2 \geqslant 2 \\ y_1 + y_3 \leqslant 3 \\ -3y_1 + 2y_2 + y_3 \leqslant -5 \\ y_1 - y_2 + y_3 = 1 \\ y_1 \geqslant 0,\ y_2 \leqslant 0 \end{cases}$$

1.5.3   影子价格

通常情况下，将对偶问题最优解中决策变量 y_i^* 的值称为**影子价格**，表示第 i 种资源的边际价值，即当第 i 种资源单独增加一个单位时，相应的目标值的增量，其经济意义是在其他条件不变的情况下，单位资源变化所引起的目标函数最优值的变化．

需要注意的是，影子价格是与原问题的约束条件相联系的，而不是与变量相联系的．

影子价格随具体情况而异，在完全市场经济的条件下，可用来对下面的经济活动进行分析．

（1）调节生产规模．若目标函数表示利润（或产值），当某种资源的影子价格大于零（或高于市场价格）时，表示增加该种资源有利可图，企业应买进该资源用于扩大生产；而当影子价格等于零（或低于市场价格）时，说明该种资源不能增加收益，这时企业的决策者应停止增加该资源并将剩余资源卖掉．可见影子价格对市场有调节作用．

（2）生产要素对产出的贡献．通过影子价格可以大致估计出每种资源获得多少产出．

（3）影子价格是企业生产过程中资源的一种隐含的潜在价值，表明单位资源的贡献，与市场价格是两个不同的概念．同一种资源在不同的企业、生产不同的产品或在不同时期，影子价格都不一样．资源的市场价格是已知的，相对比较稳定，而它的影子价格则依赖于资源的利用情况，是未知的．所以，系统内部资源数量和价格的任何变化都会引起影子价格的变化，即企业的生产任务、产品结构等情况一旦发生变化，资源的影子价格一般会随之改变．从这种意义上讲，影子价格是一种动态价格；从另一个角度讲，资源的影子价格实际上是一种机会成本．比如，就同一种原材料而言，无论对于哪一个购买者，其市场价格都是相同的，然而，当购买者购买了原材料以后，如果用于生产的产品不同，那么影子价格（此时为产值）也不同．

1.6   线性规划问题的求解

对于线性规划问题的求解，通常所用的方法称为单纯形法．单纯形法是著名的美国运筹学家丹茨格于 1947 年首创的一种求解线性规划问题的通用有效算法．数十年来的计算实践表明，单纯形法只需很少的迭代次数就能求得最优解．用单纯形法求解线性规划问题要借助于单纯形表来完成. 然而, 当变量个数和约束个数比较多时, 用单纯形表来求解就会非常困难, 甚至无法进行.

鉴于此, 本节介绍如何用计算机软件求解线性规划问题. 目前求解线性规划问题的计算机软件大致分为 3 类. 第一类是大规模的软件包, 如 Matlab、Mathematica 等, 可以用来解决复杂的、包含数千个决策变量和数千个约束条件的大型线性规划问题. 一些用手工的方式几年甚至几十年都解决不了的问题, 用这种软件包只需要几分钟就可以解决了. 第二类是 Microsoft Excel "规划求解" 模块来求解线性规划问题. 这个模块在 Excel 2003 以上的版本中都已封装, 但未使用前是没有激活的模块, 使用时只需激活一次, 就可以长期使用. 第三类是用于微型计算机的软件包, 如 Lingo、Lindo 等, 这类软件包在使用前必须先用专门的程序进行安装. 本节介绍如何使用 Lingo 软件求解线性规划问题.

1.6.1　用 Lingo 软件求解线性规划问题

Lingo 是求解优化问题的一个专业工具软件, 它包含了内置的建模语言, 允许用户以简练、直观的形式描述较大规模的优化模型, 对于模型中所需要的数据, 可以以一定的格式保存在独立的文件中, 读取方便快捷.

利用 Lingo 软件求解线性规划问题, 可以免去大量烦琐的计算, 使得原先只有专家学者和数学工作者才能掌握的运筹学中的线性规划模型成为广大管理工作者和技术人员的一个有效、方便、常用的工具, 从而有效地解决管理和工程中的优化问题.

Lingo 软件采用单纯形法求解线性规划问题, 一般是首先寻求一个可行解, 在有可行解的情况下再寻求最优解. 需要注意的是, 若用 Lingo 软件求解具有多重最优解的问题, 则只能求得其中的一个最优解.

下面介绍用 Lingo 软件求解线性规划问题的基本方法.

例 1.6.1　用 Lingo 软件求解例 1.1.1, 即求解

$$\max z = 3x_1 + 5x_2$$

$$\text{s.t.} \begin{cases} x_1 + 2x_2 \leqslant 8 \\ 4x_1 \leqslant 16 \\ 4x_2 \leqslant 12 \\ x_1, x_2 \geqslant 0 \end{cases}$$

解　写出相应的 Lingo 程序如下:

```
max=3*x1+5*x2;
x1+2*x2<=8;
```

```
4*x1<=16;
4*x2<=12;
```

程序中的 max 表示求最大（求最小用 min），每个语句必须用分号（；）结束.

由该程序可以看出，Lingo 程序与线性规划模型没有太大的差别，只是少写了变量的非负限制，这是由于 Lingo 中已假设所有的变量都是非负的，因此非负约束不必再输入到计算机中.

在 Windows 版的 Lingo 系统中，在 Lingo 菜单下选用 Solve 命令，则可以得到如下结果：

```
Global optimal solution found.
Objective value:                        22.00000
Total solver iterations:                1
Variable        Value               Reduced Cost
X1              4.000000            0.000000
X2              2.000000            0.000000
Row             Slack or Surplus    Dual Price
1               22.00000            1.000000
2               0.000000            2.500000
3               0.000000            0.1250000
4               4.000000            0.000000
```

从而，可得生产计划如下：生产 A 产品 4 件，B 产品 2 件，可获得最大利润.最大利润为 22（百元）.

在上述计算结果中，共有三个部分：第一部分有 3 行，第一行表示已求出全局最优解；第二行表示最优目标函数值，即 $z^* = 22$；第三行是求解用的迭代次数，即迭代了 1 次.

第二部分有三列：第一列，Variable 表示变量名，这里是 x_1、x_2；第二列，Value 表示在最优解处变量的取值，这里是 4、2；第三列，Reduced Cost（简约价格）本质上是检验数，在数值上等于检验数乘 -1，由于 x_1、x_2 是基变量，因此它们对应的检验数为 0.

第三部分也有三列：第一列，Row 表示行，第 1 行是目标，第二至第四行是问题的 3 个约束条件；第二列，Slack or Surplus 表示松弛变量或剩余变量，其中，第三个约束中的松弛变量取值为 4；第三列，Dual Price 是对偶价格，即影子价格.

为了便于将程序推广到可求解一般的线性规划问题，下面采用集、目标与约束段、数据段的编写方式，程序如下：

```
model:
sets:
row/1..3/:b;
```

```
arrange/1..2/:c,x;
link(row,arrange):A;
endsets
max=@sum(arrange:c*x);
@for(row(i):
@sum(arrange(j):A(i,j)*x(j))<=b(i));
data:
b=8,16,12;
c=3,5;
A=1,2,
4,0,
0,4;
enddata
end
```

可以看到这个输入以"model:"开始，以"end"结束，它们之间的语句可以分成以下 3 个部分：

（1）集定义部分（从"sets:"到"endsets"）：定义集及其属性，它有 3 列，分别用"/"隔开．第一列表示集的名称，第二列表示集的成员，第三列是集的属性（即在程序中需要用到的变量）．

（2）目标与约束段：给出优化目标和约束．这部分主要是定义问题的目标函数和约束条件．目标函数（"max="后面所求的表达式）是用求和函数的方式定义的，这里@sum(arrange:c*x)相当于 $\sum_{j=1}^{2} c_j x_j$ ．而

```
@for(row(i):
@sum(arrange(j):A(i,j)*x(j))<=b(i));
```
相当于

$$\sum_{j=1}^{2} a_{ij}x_j \leqslant b_i, i=1,2,3$$

（3）数据段部分（从"data:"到"enddata"）：为程序提供数据．其作用是对在集定义部分定义的属性赋值．注意所赋值必须都是具体数值，数据和数据之间可以用逗号分开，也可以用空格分开，效果等价．

选用 Solve 命令，对该线性规划问题求解，可以得到如下结果：

```
Global optimal solution found.
Objective value:                    22.00000
Total solver iterations:            1
Variable         Value            Reduced Cost
```

B(1)	8.000000	0.000000
B(2)	16.00000	0.000000
B(3)	12.00000	0.000000
C(1)	3.000000	0.000000
C(2)	5.000000	0.000000
X(1)	4.000000	0.000000
X(2)	2.000000	0.000000
A(1,1)	1.000000	0.000000
A(1,2)	2.000000	0.000000
A(2,1)	4.000000	0.000000
A(2,2)	0.000000	0.000000
A(3,1)	0.000000	0.000000
A(3,2)	4.000000	0.000000
Row	Slack or Surplus	Dual Price
1	22.00000	1.000000
2	0.000000	2.500000
3	0.000000	0.1250000
4	4.000000	0.000000

采用通用程序编写的好处是，只需更改相应的数据，就可以对所有的线性规划问题进行求解.

例 1.6.2　用 Lingo 软件求解例 1.1.2，即求解

$$\min z = 15x_1 + 8x_2 + 6x_3 + 2x_4$$

$$\text{s.t.} \begin{cases} 1000x_1 + 800x_2 + 900x_3 + 200x_4 \geqslant 2500 \\ 50x_1 + 60x_2 + 20x_3 + 10x_4 \geqslant 60 \\ 400x_1 + 200x_2 + 300x_3 + 500x_4 \geqslant 900 \\ x_1, x_2, x_3, x_4 \geqslant 0 \end{cases}$$

解　编写 Lingo 程序如下：

min=15*x1+8*x2+6*x3+2*x4;
1000*x1+800*x2+900*x3+200*x4>=2500;
50*x1+60*x2+20*x3+10*x4>=60;
400*x1+200*x2+300*x3+500*x4>=900;

计算结果如下：

Global optimal solution found.

Objective value:		17.00000
Total solver iterations:		3
Variable	Value	Reduced Cost
X1	0.000000	6.500000

X2	0.8333333E-01	0.000000
X3	2.666667	0.000000
X4	0.1666667	0.000000
Row	Slack or Surplus	Dual Price
1	17.00000	-1.000000
2	0.000000	-0.5000000E-02
3	0.000000	-0.6428571E-01
4	0.000000	-0.7142857E-03

因而，可得选购方案如下：

不购买鸡肉，购买鸡蛋 0.08333333 千克，购买大米 2.666667 千克，购买白菜 0.1666667 千克，既能满足病人的需要，又能使购买食品总费用达到最小，最小费用为 17 元.

可以观察到，本问题的计算结果中，影子价格为负值，这是因为目标要求取最小的缘故. 例如，就热量而言，每减少一个单位热量，可以节约成本 0.005 元.

1.6.2　用 Lingo 软件进行灵敏度分析

前面讨论的线性规划问题中，都假定 a_{ij}、b_i、c_j 是已知常数. 但实际上这些系数往往是一些估计和预测的数字，如随市场条件变化，c_j 值就会变化. a_{ij} 随工艺技术条件的改变而改变，而 b_i 值则是根据资源投入后能产生多大经济效果来决定的一种决策选择. 因此就会提出以下问题：当这些参数中的一个或几个发生变化时，问题的最优解会有什么变化，或者这些参数在一个多大范围内变化时，问题的最优解不变. 这就是灵敏度分析所要研究解决的问题.

使用 Lingo 软件可以方便地对线性规划模型求解并进行灵敏度分析. 灵敏度分析是在求解模型时作出的，因此在求解模型时灵敏度分析应是激活状态，但默认不是激活的. 为了激活灵敏度分析，运行 Lingo/Options…，选择 General Solver 标签，在 Dual Computations 列表框中，选择 Prices&Ranges 选项.

下面看一个应用实例.

例 1.6.3　一奶制品加工厂用牛奶生产 A_1、A_2 两种奶制品，一桶牛奶可以在甲车间用 12 小时加工成 3 千克 A_1，或者在乙车间用 8 小时加工成 4 千克 A_2. 根据市场需求，生产出的 A_1、A_2 能全部售出，且每千克 A_1 获利 24 元，每千克 A_2 获利 16 元. 已知每天加工厂能得到 50 桶牛奶的供应，工人每天总的劳动时间为 520 小时，并且甲车间的设备每天至多能加工 120 千克 A_1，乙车间设备的加工能力可以认为没有上限限制（即加工能力足够大）. 试为该厂制订一个生产计划，使每天获利最大，并进一步讨论以下 3 个附加问题：

（1）若用 35 元可以买到 1 桶牛奶，是否进行这项投资？若投资，每天最多购买多少桶牛奶？

（2）若可以聘用临时工人以增加劳动时间，付给临时工人的工资最多是每小时几元？

（3）由于市场需求变化，每千克 A_1 的获利增加到 30 元，是否应该改变生产计划？

解　这个问题的目标是使每天的获利最大，要作的决策是生产计划，即每天用多少桶牛奶生产 A_1，用多少桶牛奶生产 A_2.

决策受到 3 个条件的限制：原料（牛奶）供应、劳动时间、甲车间的加工能力. 按照题目所给，将决策变量、目标函数和约束条件用数学符号及式子表示出来，就可得到该问题的模型.

基本模型：

决策变量：设每天用 x_1 桶牛奶生产 A_1，用 x_2 桶牛奶生产 A_2.

目标函数：设每天获利为 z（元）. x_1 桶牛奶可生产 $3x_1$（千克）A_1，获利 $24 \times 3x_1$ 元，x_2 桶牛奶可生产 $4x_2$（千克）A_2，获利 $16 \times 4x_2$ 元，故 $z = 72x_1 + 64x_2$.

约束条件：

原料供应：生产 A_1、A_2 的原料（牛奶）总量不得超过每天的供应，即 $x_1 + x_2 \leqslant 50$.

劳动时间：生产 A_1、A_2 的总加工时间不得超过每天正式工人总的劳动时间，即 $12x_1 + 8x_2 \leqslant 520$.

设备能力：A_1 的产量不得超过甲车间设备每天的加工能力，即 $3x_1 \leqslant 120$.

非负约束：x_1、x_2 均不能为负值，即 $x_1 \geqslant 0$，$x_2 \geqslant 0$.

综上可得该问题的线性规划模型为

$$\max z = 72x_1 + 64x_2$$

$$\text{s.t.} \begin{cases} x_1 + x_2 \leqslant 50 \\ 12x_1 + 8x_2 \leqslant 520 \\ 3x_1 \leqslant 120 \\ x_1 \geqslant 0,\ x_2 \geqslant 0 \end{cases}$$

编写 Lingo 程序如下：

```
max=72*x1+64*x2;
x1+x2<=50;
12*x1+8*x2<=520;
3*x1<=120;
```

求解这个模型，并激活灵敏度分析，可得如下结果：

```
Global optimal solution found.
Objective value:                  3440.000
Total solver iterations:          2
Variable        Value             Reduced Cost
X1              30.00000          0.000000
X2              20.00000          0.000000
Row             Slack or Surplus  Dual Price
1               3440.000          1.000000
2               0.000000          48.00000
3               0.000000          2.000000
4               30.00000          0.000000
Ranges in which the basis is unchanged:
Objective Coefficient Ranges:
                Current           Allowable     Allowable
Variable        Coefficient       Increase      Decrease
X1              72.00000          24.00000      8.000000
X2              64.00000          8.000000      16.00000
Righthand Side Ranges:
                Current           Allowable     Allowable
Row             RHS               Increase      Decrease
2               50.00000          15.00000      5.000000
3               520.0000          40.00000      120.0000
4               120.0000          INFINITY      30.00000
```

可以看出，这个线性规划模型的最优解为 $x_1^* = 30$，$x_2^* = 20$，最优值为 $z^* = 3440$，即用 30 桶牛奶生产 A_1，20 桶牛奶生产 A_2，可获最大利润 3440 元.

上面的输出中除了给出问题的最优解和最优值以外，还有许多对分析结果有用的信息，下面结合题目中提出的 3 个附加问题给予说明.

（1）3 个约束条件的右端不妨看作 3 种"资源"：原料、劳动时间、甲车间设备的加工能力. 输出中 Slack or Surplus 给出这 3 种资源在最优解下是否有剩余：原料、劳动时间的剩余均为零（即约束为紧约束），甲车间设备尚余 30 千克加工能力（不是紧约束）.

（2）目标函数可以看作"效益"，成为紧约束的"资源"一旦增加，"效益"必然跟着增长. 输出中 Dual Price 给出这 3 种资源在最优解下"资源"增加 1 个单位时"效益"的增量：原材料增加 1 个单位（1 桶牛奶）时利润增长 48 元，劳动时间增加 1 个单位（1 小时）时利润增长 2 元，而增加非紧约束甲车间设备的能力显然不会使利润增长. 这里，"效益"的增量可以看作"资源"的潜在价值，经济学上称为**影子价格**，即 1 桶牛奶的影子价格为 48 元，1 小时劳动的影子价格为 2 元，甲车间设备的生产能力的影子价格为零.

（3）可以用直接求解的办法验证上面的结论，即将输入文件中的原料约束 2 右端的 50 改为 51，得到的最优值（利润）恰好增长 48 元.

用影子价格的概念很容易回答附加问题（1）：用 35 元可以买到 1 桶牛奶，低于 1 桶牛奶的影子价格，当然应该进行这项投资.

关于附加问题（2）：聘用临时工人以增加劳动时间，付给的工资低于劳动时间的影子价格才可以增加利润，所以工资最多是每小时 2 元.

关于附加问题（3）：目标函数的系数发生变化时（假定约束条件不变），最优解和最优值会改变吗？这个问题不能简单地回答.

上面的输出结果中 Ranges in which the basis is unchanged 部分给出了最优基不变条件下目标函数系数的允许变化范围：x_1 的系数范围为 $[72-8,72+24]=[64,96]$；x_2 的系数范围为 $[64-16,64+8]=[48,72]$. 注意：x_1 系数的允许范围需要 x_2 的系数 64 不变，反之亦然. 由于目标函数系数的变化并不影响约束条件，因此此时最优基不变可以保证最优解也不变，但最优值变化. 用这个结果很容易回答附加问题（3）：若每千克 A_1 的获利增加到 30 元，则 x_1 系数变为 $30 \times 3 = 90$，恰在允许范围内，所以不应改变生产计划，但最优值变为 3980.

下面对"资源"的影子价格作进一步的分析.

影子价格的作用（即在最优解下"资源"增加 1 个单位时"效益"的增量）是有限制的. 每增加 1 桶牛奶利润增长 48 元（影子价格），但是，从上面输出中可以看出，约束的右端项（Current RHS）的"允许增加"（Allowable Increase）和"允许减少"（Allowable Decrease）给出了影子价格有意义条件下约束右端的限制范围（因为此时最优基不变，所以影子价格才有意义；如果最优基已经变了，那么结果中给出的影子价格也就不正确了）.

具体对本例来说：牛奶最多增加 15 桶，劳动时间最多增加 40 小时.

对于附加问题（1）的第 2 问，虽然应该批准用 35 元买 1 桶牛奶的投资，但每天最多购买 15 桶牛奶.

顺便指出，可以用低于每小时 2 元的工资聘用临时工人以增加劳动时间，但最多增加 40 小时.

需要注意的是：灵敏度分析给出的只是最优基保持不变的充分条件，而不一定是必要条件. 比如对于上面的问题，"牛奶最多增加 15 桶"的含义只能是"牛奶增加 15 桶"时最优基保持不变，所以影子价格有意义，即利润的增加大于牛奶的投资. 反过来，牛奶增加超过 15 桶，最优基是否一定改变？影子价格是否一定没有意义？一般来说，这是不能直接从灵敏度分析报告中直接得到的. 此时，应该重新用新数据求解线性规划模型，才能作出判断，所以严格来说，上面回答"牛奶最多增加 15 桶"并不是完全科学的.

1.7 线性规划的应用

应用线性规划解决经济、管理领域的实际问题，最重要的一步是建立实际问题的线性规划模型. 这是一项技巧性很强的创造性工作，既要求对研究的问题有深入了解，又要求很好地掌握线性规划模型的结构特点，并具有对实际问题进行数学描述的较强的能力.

通常来说，一个经济、管理问题满足以下条件时才能适用线性规划模型：

（1）实际问题所要求达到的目标能用数值指标的线性函数来表示；

（2）存在多种实现目标的可行方案；

（3）要实现的目标受到一定条件的制约，而这些条件均能用线性方程（等式或不等式）描述.

对满足上述条件的实际问题，能否成功地应用线性规划加以解决，关键在于能否恰当地建立其模型，简称建模. 由于实际问题的复杂性，这往往是最困难的工作.

对于经过概括、抽象而简化了的实际问题，一般可按照决策变量、约束条件、目标函数的次序，逐步建立其线性规划模型. 其中决策变量的选取至关重要，模型的好坏以及成功与否，在很大程度上取决于决策变量如何选定. 因此，恰当地设定决策变量是建模的首要环节.

此外，对于一些比较复杂的线性规划问题，为了揭示各个因素之间的内在联系，通常需要把问题的背景数据资料进行归类综合，然后建立其数学模型.

线性规划的应用非常广泛，下面通过一些例子来阐述如何将一些实际问题归结为线性规划模型.

1. 排班问题

例 1.7.1 某昼夜服务的公交线路每天各时间区段内所需司机和乘务人员数见表 1-4.

表 1-4

班次	时间	所需人数/人
1	6:00—10:00	60
2	10:00—14:00	70
3	14:00—18:00	60

班次	时间	所需人数/人
4	18:00—22:00	50
5	22:00—2:00	20
6	2:00—6:00	30

设司机和乘务人员分别在各时间区段一开始时上班，并连续工作 8 小时，问该公交线路至少配备多少名司机和乘务人员.

解 这是一个典型的排班问题.

（1）决策变量. 本问题要做的决策是确定不同班次的人数. 设 x_i 为第 i 班次配备的司机和乘务人员人数（$i=1,2,3,4,5,6$）.

（2）约束条件. 每个班次的在岗人数必须不少于最少需要的人数. 从而有

$$x_6 + x_1 \geqslant 60$$
$$x_1 + x_2 \geqslant 70$$
$$x_2 + x_3 \geqslant 60$$
$$x_3 + x_4 \geqslant 50$$
$$x_4 + x_5 \geqslant 20$$
$$x_5 + x_6 \geqslant 30$$

人数显然不能为负，因而

$$x_i \geqslant 0 \ (i=1,2,3,4,5,6)$$

（3）目标函数. 本问题的目标是配备司乘人员最少，即

$$\min z = \sum_{i=1}^{6} x_i$$

由此得出该问题数学模型如下：

$$\min z = \sum_{i=1}^{6} x_i$$

$$\text{s.t.} \begin{cases} x_6 + x_1 \geqslant 60 \\ x_1 + x_2 \geqslant 70 \\ x_2 + x_3 \geqslant 60 \\ x_3 + x_4 \geqslant 50 \\ x_4 + x_5 \geqslant 20 \\ x_5 + x_6 \geqslant 30 \\ x_i \geqslant 0 \ (i=1,2,3,4,5,6) \end{cases}$$

Lingo 求解结果如下：

第一班次需人数 60 名，第二班次需人数 10 名，第三班次需人数 50 名，第五班次需人数 30 名，第四班次和第六班次不用安排人手，此时所需总人数最少，为 150 名.

2. 产品配套问题

例 1.7.2　某厂生产一种产品，由 3 个 A_1 零件和 4 个 A_2 零件配套组装而成. 已知该厂有 B_1、B_2 两种机床可用于加工上述两种零件，每种机床的台数以及每台机床每个工作日全部用于加工某一种零件的最大产量见表 1-5. 试求该产品产量最大的生产方案.

表 1-5

机床种类	机床数量/台	每台机床日产量/件	
		A_1	A_2
B_1	5	27	40
B_2	8	15	36

解　该题不是单纯要求两种零件产量越大越好，而是要求每个工作日按 3:4 的比例生产出来的 A_1、A_2 零件的套数达到最大.

（1）决策变量. 设以 x_{ij} 表示 B_i（$i=1,2$）机床每个工作日加工 A_j（$j=1,2$）零件的时间（单位：工作日），z 为 A_1、A_2 零件按 3:4 的比例配套的数量（套/日）.

（2）约束条件. 工时约束：
$$x_{11}+x_{12}=1$$
$$x_{21}+x_{22}=1$$

配套约束：显然，原问题等价于表 1-6.

表 1-6

机床种类	每种机床日产量/件	
	A_1	A_2
B_1	135	200
B_2	120	288

据此可列出零件配套约束：
$$z=\min\left\{\frac{1}{3}(135x_{11}+120x_{21}),\frac{1}{4}(200x_{12}+288x_{22})\right\}$$

可等价写为下述形式：

$$z \leqslant \frac{1}{3}(135x_{11} + 120x_{21})$$

$$z \leqslant \frac{1}{4}(200x_{12} + 288x_{22})$$

即

$$z - 45x_{11} - 40x_{21} \leqslant 0$$

$$z - 50x_{12} - 72x_{22} \leqslant 0$$

（3）目标函数．该问题的目标是 A_1、A_2 零件按 3∶4 的比例配套的数量达到最大，即

$$\max z$$

则该问题的线性规划模型为

$$\max z$$

$$\text{s.t.} \begin{cases} x_{11} + x_{12} = 1 \\ x_{21} + x_{22} = 1 \\ z - 45x_{11} - 40x_{21} \leqslant 0 \\ z - 50x_{12} - 72x_{22} \leqslant 0 \\ z, x_{11}, x_{12}, x_{21}, x_{22} \geqslant 0 \end{cases}$$

Lingo 求解结果如下：

B_1 机床 0.942 个工作日用于加工 A_1 零件，0.058 个工作日用于加工 A_2 零件，B_2 机床 0.29 个工作日用于加工 A_1 零件，0.71 个工作日用于加工 A_2 零件，此时 A_1、A_2 零件按 3∶4 的比例配套生产的该产品产量达到最大，共计 54 套．

一般产品配套问题可描述如下：

某厂用 m 种机床 $A_1, A_2, \cdots, A_m$ 加工制造 n 种零件 $B_1, B_2, \cdots, B_n$，并用来组装一种产品．组装一套产品需要 λ_j 个 B_j 零件（$j = 1, 2, \cdots, n$），机床 A_i 每个工作日可加工 B_j 零件 a_{ij} 个（$i = 1, 2, \cdots, m$）．应如何分配机床负荷才能使生产的产品最多？

设 x_{ij} 为机床 A_i 每天加工 B_j 零件的时间（单位：工作日），z 为每个工作日按比例 $\lambda_1 : \lambda_2 : \cdots : \lambda_n$ 加工出来的 n 种零件的套数．则该问题的线性规划模型为

$$\max z$$

$$\text{s.t.} \begin{cases} \sum_{j=1}^{n} x_{ij} = 1 \\ z - \frac{1}{\lambda_j} \sum_{i=1}^{m} a_{ij} x_{ij} \leqslant 0 \\ x_{ij} \geqslant 0 \ (i = 1, 2, \cdots, m; \ j = 1, 2, \cdots, n) \end{cases}$$

3. 生产计划问题

下面介绍一个复杂些的生产计划问题.

例 1.7.3 某厂生产Ⅰ、Ⅱ、Ⅲ三种产品,都分别经 A、B 两道工序加工. 设 A 工序可分别在设备 A_1 或 A_2 上完成,有 B_1、B_2、B_3 三种设备可用于完成 B 工序. 已知产品Ⅰ可在任何一种设备上加工;产品Ⅱ可在任何规格的 A 设备上加工,但完成 B 工序时,只能在 B_1 设备上加工;产品Ⅲ只能在 A_2 与 B_2 设备上加工. 加工单位产品所需工序时间及其他各项数据见表 1-7,试安排最优生产计划,使该厂获利最大.

表 1-7

设备	各产品所需时间/台时			设备有效台时	设备加工费/(元/台时)
	Ⅰ	Ⅱ	Ⅲ		
A_1	5	10		6000	0.05
A_2	7	9	12	10000	0.03
B_1	6	8		4000	0.06
B_2	4		11	7000	0.11
B_3	7			4000	0.05
原料费/(元/件)	0.25	0.35	0.50		
售价/(元/件)	1.25	2.00	2.80		

解

(1) 决策变量. 设产品Ⅰ、Ⅱ、Ⅲ的产量分别为 x_1、x_2、x_3 件.

显然,产品有 6 种加工方案,分别利用设备(A_1, B_1)、(A_1, B_2)、(A_1, B_3)、(A_2, B_1)、(A_2, B_2)、(A_2, B_3),各方案加工的产品Ⅰ数量用 x_{11}、x_{12}、x_{13}、x_{14}、x_{15}、x_{16} 表示;产品Ⅱ有两种加工方案,即(A_1, B_1)、(A_2, B_1),加工数量用 x_{21}、x_{22} 表示;产品Ⅲ只有一种加工方案(A_2, B_2),加工数量恰为 x_3. 而

$$x_1 = x_{11} + x_{12} + x_{13} + x_{14} + x_{15} + x_{16}$$
$$x_2 = x_{21} + x_{22}$$

(2) 约束条件. 每台设备用于加工产品的台时数不能超过设备有效台时,即

$$5x_{11} + 5x_{12} + 5x_{13} + 10x_{21} \leqslant 6000$$
$$7x_{14} + 7x_{15} + 7x_{16} + 9x_{22} + 12x_3 \leqslant 10000$$
$$6x_{11} + 6x_{14} + 8x_{21} + 8x_{22} \leqslant 4000$$

$$4x_{12} + 4x_{15} + 11x_3 \leqslant 7000$$

$$7x_{13} + 7x_{16} \leqslant 4000$$

产品数量显然不能为负，所以有

$$x_{ij} \geqslant 0$$

（3）目标函数．该问题的目标为获利最大，而利润为产品售价减去相应的原料费和设备加工费，设 z 为总利润，则有

$$\begin{aligned}
z = &(1.25 - 0.25)(x_{11} + x_{12} + x_{13} + x_{14} + x_{15} + x_{16}) + \\
&(2.0 - 0.35)(x_{21} + x_{22}) + (2.80 - 0.50)x_3 - \\
&0.05(5x_{11} + 5x_{12} + 5x_{13} + 10x_{21}) - \\
&0.03(7x_{14} + 7x_{15} + 7x_{16} + 9x_{22} + 12x_3) - \\
&0.06(6x_{11} + 6x_{14} + 8x_{21} + 8x_{22}) - \\
&0.11(4x_{12} + 4x_{15} + 11x_3) - 0.05(7x_{13} + 7x_{16})
\end{aligned}$$

综上，可得该问题的线性规划模型如下：

$$\begin{aligned}
\max z = &(1.25 - 0.25)(x_{11} + x_{12} + x_{13} + x_{14} + x_{15} + x_{16}) + \\
&(2.0 - 0.35)(x_{21} + x_{22}) + (2.80 - 0.50)x_3 - \\
&0.05(5x_{11} + 5x_{12} + 5x_{13} + 10x_{21}) - \\
&0.03(7x_{14} + 7x_{15} + 7x_{16} + 9x_{22} + 12x_3) - \\
&0.06(6x_{11} + 6x_{14} + 8x_{21} + 8x_{22}) - \\
&0.11(4x_{12} + 4x_{15} + 11x_3) - 0.05(7x_{13} + 7x_{16})
\end{aligned}$$

$$\text{s.t.} \begin{cases}
5x_{11} + 5x_{12} + 5x_{13} + 10x_{21} \leqslant 6000 \\
7x_{14} + 7x_{15} + 7x_{16} + 9x_{22} + 12x_3 \leqslant 10000 \\
6x_{11} + 6x_{14} + 8x_{21} + 8x_{22} \leqslant 4000 \\
4x_{12} + 4x_{15} + 11x_3 \leqslant 7000 \\
7x_{13} + 7x_{16} \leqslant 4000 \\
x_3, x_{ij} \geqslant 0 \text{且为整数} \quad (i = 1,2; \ j = 1,2,3,4,5,6)
\end{cases}$$

应用 Lingo 求解可得如下结果：

生产产品 I 1430 件，生产产品 II 500 件，生产产品III 324 件，可获得最大利润为 1190.41 元.

4．配料问题

例 1.7.4 某化工厂要用甲、乙、丙三种原料混合配制出 A、B、C 三种不同的产品．产品的规格要求、原料的供应量以及原料的单位价格见表 1-8.

表 1-8

产品	各原料的供应量			利润/（元/千克）
	甲	乙	丙	
A	≥50%	≤25%	不限	65
B	≥25%	≤50%	不限	25
C	不限	不限	不限	30
最大供量/（千克/天）	100	150	120	

问该公司应如何安排生产，才能使总利润达到最大？

解　该问题为多种产品的配料问题，因此不能单独考虑每一产品的最经济配料方案，而必须总体上考虑各产品的配方及产量，目标是使总成本达到最小.

本问题的难点在于给出的数据为非确定数值，而且各产品与原料的关系较为复杂. 为方便起见，设 x_{ij} 表示第 i（$i=1$ 为 A、$i=2$ 为 B、$i=3$ 为 C）种产品的日产量（千克）中所含第 j（$j=1$ 为甲、$j=2$ 为乙、$j=3$ 为丙）种原料的数量，则由规格要求，有

$$\frac{x_{11}}{x_{11}+x_{12}+x_{13}} \geqslant 0.5, \quad \frac{x_{12}}{x_{11}+x_{12}+x_{13}} \leqslant 0.25$$

$$\frac{x_{21}}{x_{21}+x_{22}+x_{23}} \geqslant 0.25, \quad \frac{x_{22}}{x_{21}+x_{22}+x_{23}} \leqslant 0.5$$

整理后，得到

$$-x_{11}+x_{12}+x_{13} \leqslant 0$$
$$-x_{11}+3x_{12}-x_{13} \leqslant 0$$
$$-3x_{21}+x_{22}+x_{23} \leqslant 0$$
$$-x_{21}+x_{22}-x_{23} \leqslant 0$$

由资源约束，有

$$x_{11}+x_{21}+x_{31} \leqslant 100$$
$$x_{12}+x_{22}+x_{32} \leqslant 150$$
$$x_{13}+x_{23}+x_{33} \leqslant 120$$

令 z 表示总利润，本问题要求总利润最大，因而目标函数可表示为

$$\max z = 65(x_{11}+x_{12}+x_{13}) + 25(x_{21}+x_{22}+x_{23}) + 30(x_{31}+x_{32}+x_{33})$$

综上所述，可得该问题的数学模型为

$$\max z = 65(x_{11} + x_{12} + x_{13}) + 25(x_{21} + x_{22} + x_{23}) + 30(x_{31} + x_{32} + x_{33})$$

$$\text{s.t.}\begin{cases} -x_{11} + x_{12} + x_{13} \leqslant 0 \\ -x_{11} + 3x_{12} - x_{13} \leqslant 0 \\ -3x_{21} + x_{22} + x_{23} \leqslant 0 \\ -x_{21} + x_{22} - x_{23} \leqslant 0 \\ x_{11} + x_{21} + x_{31} \leqslant 100 \\ x_{12} + x_{22} + x_{32} \leqslant 150 \\ x_{13} + x_{23} + x_{33} \leqslant 120 \\ x_{ij} \geqslant 0 \ (i, j = 1, 2, 3) \end{cases}$$

应用 Lingo 求解可得如下结果:

每天生产产品 A200 千克,分别用甲原料 100 千克以及丙原料 100 千克配制而成;生产产品 C170 千克,分别用乙原料 150 千克以及丙原料 20 千克配制而成,这样每天总利润最大,为 18100 元.

配料问题的一般提法为:

要用 n 种原料 $A_1, A_2, \cdots, A_n$ 配制具有 m 种成分 $B_1, B_2, \cdots, B_m$ 的某产品,规定每一单位产品中所含第 i 种成分 B_i 的数量不低于 b_i ($i = 1, 2, \cdots, m$). 原料 A_j 的单价为 c_j,最大供量为 d_j,每一单位原料 A_j 所含 B_i 成分的数量为 a_{ij}. 要求配成的产品总量不低于 e,则应如何配料,才能既满足需要又使总成本最低?

设 x_j ($j = 1, 2, \cdots, n$) 为配制该产品所用原料 A_j 的数量,z 为原料总成本,则该问题的数学模型为

$$\min \ z = \sum_{j=1}^{n} c_j x_j$$

$$\text{s.t.}\begin{cases} \sum_{j=1}^{n} a_{ij} x_j \Big/ \sum_{j=1}^{n} x_j \geqslant b_i \\ \sum_{j=1}^{n} x_j \geqslant e \\ 0 \leqslant x_j \leqslant d_j \ (i = 1, 2, \cdots, m; \ j = 1, 2, \cdots, n) \end{cases}$$

习 题 1

1. 一家工厂制造 3 种产品,需要 3 种资源:技术服务、劳动力和行政管理. 表 1-9 列出了 3 种单位产品对每种资源的需要量.

表 1-9

产品	每种资源需要量/时			单位利润/元
	技术服务	劳动力	行政管理	
1	1	10	2	10
2	1	4	2	6
3	1	5	6	4

现有 100 小时的技术服务，600 小时的劳动力和 300 小时的行政管理时间可供使用．试确定能使总利润最大的生产方案．

2．某工厂生产 A_1、A_2 两种新产品．一件 A_1 产品需要在车间 1 加工 1 小时，在车间 3 加工 2 小时；一件 A_2 产品需在车间 2 和车间 3 各加工 2 小时．而车间 1、车间 2、车间 3 每周可用于生产这两种新产品的时间分别为 6 小时、12 小时和 18 小时．已知每件产品 A_1 的利润为 300 元，每件产品 A_2 的利润为 500 元．问该工厂如何安排这两种新产品的生产计划，才能使总利润最大（假定生产出的两种新产品能全部售出）？

3．饲养场饲养某种动物，设每只动物每天至少需要 70 克蛋白质、3 克矿物质、12 毫克维生素．现有 5 种饲料可供选用，各种饲料每千克营养成分含量及价格见表 1-10.

表 1-10

饲料	蛋白质/克	矿物质/克	维生素/毫克	价格/（元/千克）
1	3	1	0.6	2
2	2	0.5	1.2	8
3	1	0.3	0.1	3
4	6	2	2	4
5	17	0.6	0.9	9

试确定既能满足动物生长的营养要求，又能使费用最省的饲料选择方案．

4．将下列线性规划问题化成标准形．

（1）$\min z = 2x_1 + 3x_2 + 7x_3$

$$\text{s.t.} \begin{cases} x_1 - x_2 + 4x_3 \geqslant -18 \\ -2x_1 + 7x_2 - 9x_3 = 12 \\ 19x_1 + 5x_2 + 7x_3 \leqslant 13 \\ x_1 \geqslant 0, \ x_2 \leqslant 0 \end{cases}$$

（2）$\min z = 3x_1 + 4x_2 + 2x_3 - x_4$

$$\text{s.t.} \begin{cases} 3x_1 - x_2 + x_3 \leqslant 7 \\ 4x_1 + x_2 + 6x_3 \geqslant 5 \\ -x_1 - x_2 + x_3 + 2x_4 = -1 \\ x_1 \geqslant 2, \ x_3 \geqslant 0 \end{cases}$$

5．求下列线性规划问题的所有基本解，指出哪些是基本可行解，并确定最优解．

（1）$\max z = 2x_1 + 3x_2 + 4x_3 + 7x_4$

$$\text{s.t.} \begin{cases} 2x_1 + 3x_2 - x_3 - 4x_4 = 8 \\ x_1 - 2x_2 + 6x_3 - 7x_4 = -3 \\ x_1, x_2, x_3, x_4 \geqslant 0 \end{cases}$$

（2）$\min z = 5x_1 - 2x_2 + 3x_3 - 6x_4$

$$\text{s.t.} \begin{cases} x_1 + 2x_2 + 3x_3 + 4x_4 = 7 \\ 2x_1 + x_2 + x_3 + 2x_4 = 3 \\ x_1, x_2, x_3, x_4 \geqslant 0 \end{cases}$$

6．写出下列线性规划问题的对偶问题．

（1）$\max z = 2x_1 + x_2 + x_3$

$$\text{s.t.} \begin{cases} 6x_1 + x_2 + 3x_3 \leqslant 20 \\ x_1 + 5x_2 + 2x_3 \leqslant 30 \\ x_1, x_2, x_3 \geqslant 0 \end{cases}$$

（2）$\min z = 4x_1 + 3x_2 + 2x_3$

$$\text{s.t.} \begin{cases} x_1 + 2x_2 + 2x_3 \geqslant 220 \\ 4x_1 + x_2 + 5x_3 \geqslant 300 \\ x_1, x_2, x_3 \geqslant 0 \end{cases}$$

（3）$\min z = x_1 + 3x_2 + 5x_3$

$$\text{s.t.} \begin{cases} 3x_1 + 2x_2 + 4x_3 = 15 \\ 2x_1 + 7x_2 + 3x_3 = 25 \\ 9x_1 + 5x_2 + 8x_3 = 36 \\ x_1, x_2, x_3 \geqslant 0 \end{cases}$$

（4）$\max z = 5x_1 + 3x_2$

$$\text{s.t.} \begin{cases} 2x_1 - x_2 + 4x_3 \geqslant 2 \\ 3x_1 + x_2 - 5x_3 \geqslant 3 \\ 4x_1 - x_2 - 7x_3 \geqslant 1 \\ x_1, x_2, x_3 \geqslant 0 \end{cases}$$

7．写出下列线性规划问题的对偶问题．

（1）$\min z = 2x_1 + 2x_2 + 4x_3$

$$\text{s.t.} \begin{cases} x_1 + 3x_2 + 4x_3 \geqslant 5 \\ 2x_1 + x_2 + 3x_3 \leqslant 2 \\ x_1 + 4x_2 + 3x_3 = 6 \\ x_1, x_2 \geqslant 0 \end{cases}$$

（2）$\max z = 5x_1 + 6x_2 + 2x_3$

$$\text{s.t.} \begin{cases} x_1 + 2x_2 + 2x_3 = 7 \\ -x_1 + 5x_2 - x_3 \geqslant 4 \\ 4x_1 + 7x_2 - 3x_3 \leqslant 9 \\ x_2 \geqslant 0, \ x_3 \leqslant 0 \end{cases}$$

（3）$\min z = 2x_1 + 3x_2 + 5x_3 - x_4$

$$\text{s.t.} \begin{cases} 3x_1 + 4x_2 + 5x_3 + 7x_4 = 17 \\ 2x_1 + 7x_2 + 3x_3 + 8x_4 \geqslant 19 \\ x_1 - 2x_2 + 5x_3 - 13x_4 \leqslant 15 \\ x_1 \geqslant 0, \ x_2 \leqslant 0, \ x_4 \geqslant 0 \end{cases}$$

（4）$\max z = 6x_1 + 11x_2 - 5x_4$

$$\text{s.t.} \begin{cases} 9x_1 - 2x_2 + 5x_3 + x_4 \geqslant 12 \\ 13x_1 + 3x_2 - 15x_4 \geqslant 6 \\ 14x_1 - 5x_2 + 27x_3 \geqslant 21 \\ x_2 \leqslant 0, \ x_3 \geqslant 0 \end{cases}$$

8．某服装厂生产男式童装和女式童装．产品的销路很好，但有三道工序即裁剪、缝纫和检验限制了生产的发展．制作一件童装需要这三道工序的工时数、预计下个月内各工序所拥有的工时数以及每件童装所提供的利润见表 1-11．该厂生产部经理希望知道下个月内使利润最大的生产计划．

表 1-11

工序	产品		下个月生产能力/时
	男式童装	女式童装	
裁剪	1	3/2	900
缝纫	1/2	1/3	300
检验	1/8	1/4	100
利润/（元/件）	5	8	

（1）建立这一问题的线性规划模型，并将它化为标准形；

（2）求出最优解及最优值；

（3）每道工序实际上使用了多少工时？

（4）各个松弛变量的值是多少？

9．已知某工厂计划生产 A、B、C 三种产品，各产品需要在甲、乙、丙设备上加工，有关数据见表 1-12.

表 1-12

设备	产品			工时限制/月
	A	B	C	
甲	8	16	10	304
乙	10	5	8	400
丙	2	13	10	420
单位产品利润/千元	3	2	2.5	

问：（1）如何安排生产计划，使工厂获利最大？

（2）若为了增加产量，可借用别的工厂的设备甲，每月可借用 60 台时，租金 1.8 万元，是否合算？

（3）增加设备乙的台时是否可使工厂总利润进一步增加？

（4）若产品 B 的利润变为 5 千元，最优生产计划会不会改变？

10．某工厂利用 3 种原料生产 5 种产品，每万件产品所用原料数及现有原料数见表 1-13.

表 1-13

原料	产品					现有原料数/千克
	A	B	C	D	E	
甲	1	2	1	0	1	10
乙	1	0	1	3	2	25
丙	1	2	2	2	3	21
每万件产品利润/万元	8	20	10	20	23	

（1）求最优生产计划；

（2）若引进新产品 F，已知产品 F 每万件要用原料甲、乙、丙分别为 1、2 和 1 千克，每万件产品 F 的利润为 12 万元，问 F 是否应该投产？

（3）若新增加煤耗不许超过 10 吨的限制，而生产每万件 A、B、C、D、E 产品分别需要用煤 3、2、1、2 和 1 吨，问原最优方案是否需要改变？

11．一家昼夜服务的饭店，24 小时中需要的服务员数量见表 1-14．

表 1-14

时间	服务员的最少人数/人
2:00—6:00	4
6:00—10:00	8
10:00—14:00	10
14:00—18:00	7
18:00—22:00	12
22:00—2:00	4

每个服务员每天连续工作 8 小时，且在时段开始时上班．问：要满足上述要求，需最少配备多少服务员？

12．某医院的护士分 4 个班次，每班工作 12 小时．报到的时间分别是早上 6 点、中午 12 点、下午 6 点和夜间 12 点．每班需要的人数分别为 18 人、20 人、19 人和 15 人．问：每天最少需要派多少护士值班？

13．新华超市是个中型超市，它对售货员的需求见表 1-15．

表 1-15

时间	所需售货员人数/人
星期一	16
星期二	25
星期三	26
星期四	20
星期五	32
星期六	40
星期日	36

　　为了保证售货人员充分休息，售货人员每周工作 5 天，休息 2 天，并要求休息的 2 天是连续的．问：应如何安排售货人员的休息，才能既满足工作需要，又使配备的售货人员的人数最少？

　　14．某种产品包括 3 个部件，它们是由 4 个不同的部门生产的，而每个部门有一个有限的生产时数，表 1-16 给出了各部门生产能力及 3 个部件的生产率，现在要确定每一部门分配给每一部件的工作时数，使得完成产品的件数最多．试建立这个问题的线性规划模型（不求解）．

表 1-16

部门	能力/时	生产率/（件/时）		
		部件 1	部件 2	部件 3
1	100	10	15	5
2	150	15	10	5
3	80	20	5	10
4	200	10	15	20

　　15．某企业生产 3 种产品甲、乙、丙，产品所需的主要原料为 A 和 B 两种，每单位原料 A 可生产产品甲、乙、丙的底座分别为 12、18、16 个；每个产品甲、乙、丙需要原料 B 分别为 13kg、8kg、10kg，设备生产用时分别为 10.5、12.5、8 台时，每个产品的利润分别为 1450 元、1650 元、1300 元．按月计划，可提供的原料 A 为 20 个单位，原料 B 为 350kg，设备正常的月工作时间为 3000 台时．试建立该问题的数学模型，使企业所获利润最大．

　　16．某工厂想要把表 1-17 中的几种合金混合成为一种含铅、锌及锡分别不低于 30%、20% 与 40% 的新合金．问：怎样混合才能使生产费用最小？试建立该问题的线性规划模型（不求解）．

表 1-17

成分	合金				
	1	2	3	4	5
铅/%	30	10	50	10	50
锌/%	60	20	20	10	10
锡/%	10	70	30	80	40
费用/（元/千克）	8.5	6.0	8.9	5.7	8.8

17. 某公司受委托，准备把 150 万元投资基金 A 和基金 B，其中基金 A 的单位投资额为 100 元，年回报率为 10%，基金 B 的单位投资额为 200 元，年回报率为 5%．委托人要求在每年的年回报金额至少达到 5 万元的基础上使投资风险最小．据测定单位基金 A 的投资风险指数为 8，单位基金 B 的投资风险指数为 4，风险指数越大表明投资风险越大．委托人要求在基金 B 中的投资额不少于 30 万元．为了使总的投资风险指数最小，该公司应该在基金 A 和基金 B 中各投资多少？这时每年的回报金额是多少？

18. 某咨询公司受厂商的委托对新上市的一种产品进行消费者反映的调查．该公司采用了挨户调查的方法，委托他们调查的厂商以及该公司的市场研究专家对该调查提出下列几点要求：

（1）必须调查 2000 户家庭．

（2）在晚上调查的户数和白天调查的户数相等．

（3）至少应调查 700 户有孩子的家庭．

（4）至少应调查 450 户无孩子的家庭．

调查一户家庭所需费用见表 1-18．

表 1-18

家庭	白天调查	晚上调查
有孩子	25 元	30 元
无孩子	20 元	26 元

请用线性规划的方法，确定白天和晚上调查这两种家庭的户数，使得总调查费最少．

19. 一种汽油的特性可用两个指标描述：其点火性用"辛烷数"描述，其挥发性用"蒸气压力"描述. 某炼油厂有 4 种标准汽油，其标号分别为 1、2、3、4，其特性及库存量列于表 1-19 中，将上述标准汽油适量混合，可得两种飞机汽油，分别标为 1 和 2，这两种飞机汽油的性能指标及产量需求列于表 1-20 中. 问应如何根据库存情况适量混合各种标准汽油，使既满足飞机汽油的性能指标，而产量又最高.

表 1-19

标准汽油	辛烷数	蒸气压力/（g/cm^2）	库存量/L
1 号	107.5	7.11×10^{-2}	380000
2 号	93.0	11.38×10^{-2}	262200
3 号	87.0	5.69×10^{-2}	408100
4 号	108.0	28.45×10^{-2}	130100

（1g/cm^2=98Pa）

表 1-20

飞机汽油	辛烷数	蒸气压力/（g/cm^2）	产量需求/L
1 号	≥91	≤9.96×10^{-2}	越多越好
2 号	≥100	≤9.96×10^{-2}	≥250000

20. 某公司生产 3 种产品 A_1、A_2、A_3，它们在 B_1、B_2 两种设备上加工，并耗用 C_1、C_2 两种原材料. 生产单位产品耗用的设备时间和原材料、单位产品利润及设备和原材料的最多可使用量见表 1-21.

表 1-21

资源	产品			每天最多可使用量/kg
	A_1	A_2	A_3	
设备 B_1/min	1	2	1	430
设备 B_2/min	3	0	2	460
原料 C_1/kg	1	4	0	420
原料 C_2/kg	1	1	1	300
每件利润/元	30	20	50	

已知对产品 A_2 的需求每天不低于 70 件，A_3 不超过 240 件. 经理会议讨论如何增加公司收入，提出了如下建议：

（1）产品 A_3 提价，使每件利润增至 60 元，但市场销量将下降为每天不超过 210 件.

（2）设备 B_1 和 B_2 每天可增加 40min 的使用时间，但相应需支付额外费用各 350 元.

（3）产品 A_2 的需求增加到每天 100 件.

（4）产品 A_1 在 B_2 上的加工时间可缩短到 2min，但每天需额外支出 40 元.

分别讨论上述各条建议的可行性.

21. 一家橙汁公司以每吨 1500 元的价格销售给零售商，销量可达 15000 吨. 橙汁的生产可以通过橙子榨汁（200 元/吨），也可以通过浓缩橙汁勾兑（1600 元/吨）得到. 橙子的市场供应量约为 10000 吨，1 吨橙子大约可以榨汁 0.2 吨. 浓缩橙汁的供给足够大，每吨浓缩橙汁可以勾兑为 2 吨橙汁. 请构建一个线性规划模型帮助公司制订运营规划，以最大化公司的净利润（即销售收益减去成本）.

案　　例

案例 1　巡逻员分配问题

某高速公路巡逻队希望把巡逻员分配到不同的高速公路段上，以最大限度地降低超速. 表 1-22 列出了相关数据，为方便表示，记 j=高速公路路段编号（$j=1,\dots,8$）.

表 1-22

	高速路段 j 的值							
	1	2	3	4	5	6	7	8
巡逻员人数上限 u_j	4	8	5	7	6	5	6	4
超速降低潜力 r_j	11	3	4	14	2	19	10	13

假设巡逻队每周需要分配的巡逻员有 25 人. 通过分析历史数据，可以估算每个路段的下述两组数据.

u_j：每周分配到路段 j 的巡逻员的人数上限.

r_j：每增加一名巡逻员，路段 j 能够降低的超速潜力.

超速降低潜力高，说明在该路段安排一名巡逻员是高度有效的. 在实际应用中，超速降低潜力值是通过直接比较有巡逻员和无巡逻员情形下的路段交通速度来计算的．请解决以下两个问题：

（1）如果要使得不同路段的超速降低总和最大，应如何安排分配到各路段巡逻的人数？

（2）考虑使得所有路段中超速降低潜力最低的路段的超速降低潜力最大化，应如何安排分配到各路段巡逻的人数？

案例 2　熔炉进料优化问题

钢铁行业通过高温熔化金属废料以生成新型合金产品，每次熔炉进料时都面临着一个优化问题．为了生产出满足各种化学成分要求的合金产品，金属废料往往需要加入一些纯添加剂，添加剂极为昂贵，因此最大程度地利用金属废料是至关重要的．金属废料的主要原料是铁，还含有碳、镍、铬、钼等微量元素，表 1-23 列举了 4 种可用废料中微量元素碳、镍、铬、钼的含量占比、可用量以及单位成本．同时，表中也列出了 3 种可用的高成本纯添加剂以及最终混料中各种元素的允许含量范围．请设计一个熔炉进料方案，使得最终混料中各种微量元素在允许含量范围之内，且总成本最低．

表 1-23

	含量占比/%				可用量/千克	成本/（元/千克）
	碳	镍	铬	钼		
废料 1	0.80	18	12	—	75	16
废料 2	0.70	3.2	1.1	0.1	250	10
废料 3	0.85	—	—	—	无限制	8
废料 4	0.40	—	—	—	无限制	9
镍	—	100	—	—	无限制	48
铬	—	—	100	—	无限制	60
钼	—	—	—	100	无限制	53
成品中最低占比	0.65	3.0	1.0	1.1	—	—
成品中最高占比	0.75	3.5	10.2	1.3	—	—

第2章 运输问题

本章学习目标

● 　了解运输问题的基本概念.
● 　了解运输问题的 3 种基本类型.
● 　熟练掌握运输问题的建模方法.
● 　熟练掌握运输问题的应用.

2.1 运输问题及其数学模型

2.1.1 引例

本章讨论一类重要的线性规划问题——运输问题. 运输问题是线性规划诸多问题中较早引起人们关注的一类特殊问题. 一般的运输问题, 就是要解决把某种产品从若干个产地调运到若干个销地, 在每个产地的供应量和每个销地的需求量已知, 并知道各地之间运价的前提下, 如何确定一个使得总运费最小的方案.

下面分析如何建立运输问题的模型.

例 2.1.1 某地区有两个化肥厂, 每年产量分别为 A—7 万吨, B—8 万吨. 有 3 个产粮区需要该种化肥, 需求量为: 甲地区—6 万吨; 乙地区—5 万吨; 丙地区—4 万吨. 各化肥厂的产量 (万吨)、各产粮区的需求量 (万吨) 以及各化肥厂到各产粮区的运价 (万元/万吨) 见表 2-1. 试制定一个化肥调拨方案, 既能满足各产粮区需求, 又使总运费最少.

表 2-1

化肥厂	产粮区			产量/万吨
	甲	乙	丙	
	各化肥厂到各产粮区的单位运价/（万元/万吨）			
A	12	18	19	7
B	22	15	17	8
需求量/万吨	6	5	4	

解

（1）确定决策变量．本问题的决策变量为从每个化肥厂运送多少万吨化肥到每个产粮区．

设 x_{ij} 为从化肥厂 i 运送到产粮区 j 的化肥数量（$i=1,2$；$j=1,2,3$）．

（2）确定目标函数．本问题的目标是使公司总运输成本最低，总运输成本为

$$z = 12x_{11} + 18x_{12} + 19x_{13} + 22x_{21} + 15x_{22} + 17x_{23}$$

（3）确定约束条件．由于总产量=总需求量，因而本问题的约束条件如下：

①从各化肥厂运出去的化肥数量应等于其产量，即

化肥厂 A：$x_{11} + x_{12} + x_{13} = 7$

化肥厂 B：$x_{21} + x_{22} + x_{23} = 8$

②各产粮区收到的化肥数量等于其需求量，即

产粮区甲：$x_{11} + x_{21} = 6$

产粮区乙：$x_{12} + x_{22} = 5$

产粮区丙：$x_{13} + x_{23} = 4$

③各决策变量非负，即

$$x_{ij} \geqslant 0 \quad (i=1,2；j=1,2,3)$$

由此，可以得到下面运输问题的线性规划数学模型：

$$\min z = 12x_{11} + 18x_{12} + 19x_{13} + 22x_{21} + 15x_{22} + 17x_{23}$$

$$\text{s.t.} \begin{cases} x_{11} + x_{12} + x_{13} = 7 \\ x_{21} + x_{22} + x_{23} = 8 \\ x_{11} + x_{21} = 6 \\ x_{12} + x_{22} = 5 \\ x_{13} + x_{23} = 4 \\ x_{ij} \geqslant 0 \ (i=1,2；j=1,2,3) \end{cases}$$

2.1.2　运输问题数学模型的一般形式

一般的运输问题可以表述为：设某种物资有 m 个产地 A_i（$i=1,2,\cdots,m$），其产量分别为 a_i，有 n 个销地 B_j（$j=1,2,\cdots,n$），其销量分别为 b_j；从产地 A_i 到销地 B_j 的运价为 c_{ij}．问应如何组织调运才能使总运费最少？

设 x_{ij} 为从产地 A_i 运往销地 B_j 的该种物资的数量，z 为总运费．则由 A_i 运出的物资总量应该等于其产量 a_i，所以 x_{ij} 应满足：

$$\sum_{j=1}^{n} x_{ij} = a_i \quad (i = 1, 2, \cdots, m)$$

同样，运往 B_j 的物资总量应等于其需求量 b_j，所以 x_{ij} 还应满足：

$$\sum_{i=1}^{m} x_{ij} = b_j \quad (j = 1, 2, \cdots, n)$$

而总运费为

$$z = \sum_{i=1}^{m} \sum_{j=1}^{n} c_{ij} x_{ij}$$

从而，可得一般运输问题的数学模型为

$$\min z = \sum_{i=1}^{m} \sum_{j=1}^{n} c_{ij} x_{ij}$$

$$\text{s.t.} \begin{cases} \sum\limits_{j=1}^{n} x_{ij} = a_i \\ \sum\limits_{i=1}^{m} x_{ij} = b_j \\ x_{ij} \geqslant 0 \ (i = 1, 2, \cdots, m; \ j = 1, 2, \cdots, n) \end{cases}$$

这就是产销平衡（总产量等于总销量）运输问题的数学模型. 它包括 $m \times n$ 个变量，$m + n$ 个约束方程.

运输问题除了产销平衡的情形，还有产销不平衡（总产量不等于总销量）的情形，即产大于销的运输问题和产小于销的运输问题，其模型可以仿照产销平衡运输问题的模型得出.

产大于销模型：

$$\min z = \sum_{i=1}^{m} \sum_{j=1}^{n} c_{ij} x_{ij}$$

$$\text{s.t.} \begin{cases} \sum\limits_{j=1}^{n} x_{ij} \leqslant a_i \\ \sum\limits_{i=1}^{m} x_{ij} = b_j \\ x_{ij} \geqslant 0 \ (i = 1, 2, \cdots, m; \ j = 1, 2, \cdots, n) \end{cases}$$

产小于销模型：

$$\min z = \sum_{i=1}^{m}\sum_{j=1}^{n}c_{ij}x_{ij}$$

$$\text{s.t.}\begin{cases}\sum_{j=1}^{n}x_{ij}=a_i\\\sum_{i=1}^{m}x_{ij}\leqslant b_j\\x_{ij}\geqslant 0\quad(i=1,2,\cdots,m;\ j=1,2,\cdots,n)\end{cases}$$

2.2　运输问题的求解

2.2.1　运输问题解的特点

由上述产销平衡运输问题模型的特点，可以得出以下结论：

（1）运输问题基变量的个数为 $m+n-1$ 个.

（2）运输问题一定存在最优解.

（3）若运输问题的供应量和需求量都是整数，则该问题一定有整数最优解.

2.2.2　用 Lingo 软件求解运输问题

运输问题通常用表上作业法求解，而表上作业法的本质即为单纯形法. 本节介绍如何用 Lingo 软件求解运输问题，由于运输问题是一种特殊的线性规划问题，因而用 Lingo 软件求解会比较容易.

例 2.2.1　用 Lingo 软件求解例 2.1.1 中的运输问题.

解　根据 Lingo 中集的思想，给出求解该问题的 Lingo 程序如下：

```
model:
sets:
warehouses/wh1,wh2/:capacity;
customers/v1,v2,v3/:demand;
links(warehouses,customers):cost,volume;
endsets
min=@sum(links:cost*volume);
@for(customers(j):
@sum(warehouses(I):volume(I,j))=demand(j));
@for(warehouses(I):
@sum(customers(j):volume(I,j))=capacity(I));
data:
```

```
capacity=7 8;
demand=6 5 4;
cost=12 18 19
22 15 17 ;
enddata
end
```

计算结果如下：

Global optimal solution found.

Objective value:		217.0000
Infeasibilities:		0.000000
Total solver iterations:		1
Elapsed runtime seconds:		0.10
Model Class:		LP
Total variables:		6
Nonlinear variables:		0
Integer variables:		0
Total constraints:		6
Nonlinear constraints:		0
Total nonzeros:		18
Nonlinear nonzeros:		0
Variable	Value	Reduced Cost
CAPACITY(WH1)	7.000000	0.000000
CAPACITY(WH2)	8.000000	0.000000
DEMAND(V1)	6.000000	0.000000
DEMAND(V2)	5.000000	0.000000
DEMAND(V3)	4.000000	0.000000
COST(WH1,V1)	12.00000	0.000000
COST(WH1,V2)	18.00000	0.000000
COST(WH1,V3)	19.00000	0.000000
COST(WH2,V1)	22.00000	0.000000
COST(WH2,V2)	15.00000	0.000000
COST(WH2,V3)	17.00000	0.000000
VOLUME(WH1,V1)	6.000000	0.000000
VOLUME(WH1,V2)	0.000000	1.000000
VOLUME(WH1,V3)	1.000000	0.000000
VOLUME(WH2,V1)	0.000000	12.00000
VOLUME(WH2,V2)	5.000000	0.000000
VOLUME(WH2,V3)	3.000000	0.000000

最优运输方案：化肥厂 A 向产粮区甲和丙分别提供 6 万吨、1 万吨化肥，化肥厂 B 向产粮区乙和丙分别提供 5 万吨、3 万吨化肥. 最优总运费为 217 万元.

例 2.2.2 设某产品有 3 个产地 A_1、A_2、A_3，需要运往 3 个销地 B_1、B_2、B_3，

各产地的产量（吨）、各销地的销量（吨）及各产地到各销地的单位运价（元/吨）见表 2-2，问如何调运既能满足各销地的需求，又能使总的运费达到最少？

表 2-2

产地	销地			产量/吨
	B₁	B₂	B₃	
	各产地到各销地的单位运价/（元/吨）			
A₁	5	9	2	20
A₂	3	1	7	18
A₃	6	2	8	17
销量/吨	18	12	16	

解 由于总产量大于总销量，因而该问题属于产大于销的运输问题.

设 x_{ij} 为从产地 A_i 运往销地 B_j 的该种物资的数量（吨），z 为总运费（元）. 则该问题的数学模型为

$$\min z = 5x_{11} + 9x_{12} + 2x_{13} + 3x_{21} + x_{22} + 7x_{23} + 6x_{31} + 2x_{32} + 8x_{33}$$

$$\text{s.t.} \begin{cases} x_{11} + x_{12} + x_{13} \leqslant 20 \\ x_{21} + x_{22} + x_{23} \leqslant 18 \\ x_{31} + x_{32} + x_{33} \leqslant 17 \\ x_{11} + x_{21} + x_{31} = 18 \\ x_{12} + x_{22} + x_{32} = 12 \\ x_{13} + x_{23} + x_{33} = 16 \\ x_{ij} \geqslant 0 \ (i = 1, 2, 3; \ j = 1, 2, 3) \end{cases}$$

下面给出求解该问题的 Lingo 程序：

```
model:
sets:
warehouses/wh1,wh2,wh3/:capacity;
customers/v1,v2,v3/:demand;
links(warehouses,customers):cost,volume;
endsets
min=@sum(links:cost*volume);
@for(customers(j):
@sum(warehouses(I):volume(I,j))=demand(j));
@for(warehouses(I):
@sum(customers(j):volume(I,j))<=capacity(I));
data:
```

```
capacity=20 18 17;
demand=18 12 16;
cost=5 9 2
3 1 7
6 2 8 ;
enddata
end
```

计算结果如下：

Global optimal solution found.

Objective value:	110.0000
Infeasibilities:	0.000000
Total solver iterations:	4
Model Class:	LP
Total variables:	9
Nonlinear variables:	0
Integer variables:	0
Total constraints:	7
Nonlinear constraints:	0
Total nonzeros:	27
Nonlinear nonzeros:	0

Variable	Value	Reduced Cost
CAPACITY(WH1)	20.00000	0.000000
CAPACITY(WH2)	18.00000	0.000000
CAPACITY(WH3)	17.00000	0.000000
DEMAND(V1)	18.00000	0.000000
DEMAND(V2)	12.00000	0.000000
DEMAND(V3)	16.00000	0.000000
COST(WH1,V1)	5.000000	0.000000
COST(WH1,V2)	9.000000	0.000000
COST(WH1,V3)	2.000000	0.000000
COST(WH2,V1)	3.000000	0.000000
COST(WH2,V2)	1.000000	0.000000
COST(WH2,V3)	7.000000	0.000000
COST(WH3,V1)	6.000000	0.000000
COST(WH3,V2)	2.000000	0.000000
COST(WH3,V3)	8.000000	0.000000
VOLUME(WH1,V1)	0.000000	1.000000
VOLUME(WH1,V2)	0.000000	7.000000
VOLUME(WH1,V3)	16.00000	0.000000

VOLUME(WH2,V1)	18.00000	0.000000
VOLUME(WH2,V2)	0.000000	0.000000
VOLUME(WH2,V3)	0.000000	6.000000
VOLUME(WH3,V1)	0.000000	2.000000
VOLUME(WH3,V2)	12.00000	0.000000
VOLUME(WH3,V3)	0.000000	6.000000

最优运输方案：由 A_1 运输到 B_3，A_2 运输到 B_1，A_3 运输到 B_2 的运量分别为 16 吨、18 吨、12 吨，最优总运费为 110 元.

显然，由于总产量大于总销量，因此所有销地的需求都得到了满足. 在最优方案下，产地 A_1 的产量还有 4 吨没有运出去，产地 A_3 有 5 吨没有运出去.

例 2.2.3　某公司生产的产品需要从 3 个生产厂运往 4 个经销商，各生产厂的产量（千吨）、各经销商的需求量（千吨）及各生产厂到各经销商的单位运价（千元/千吨）见表 2-3，问如何调运才能使总的运费达到最少？

表 2-3

生产厂	各生产厂到各经销商的单位运价/（千元/千吨）				产量/千吨
	经销商 1	经销商 2	经销商 3	经销商 4	
生产厂 1	7	9	3	7	7
生产厂 2	2	9	2	8	4
生产厂 3	7	4	10	5	8
需求量/千吨	3	7	4	6	

解　由于总需求量大于总产量，因而该问题属于销大于产的运输问题.

设 x_{ij} 为从生产厂 i 运往经销商 j 的该种产品的数量（千吨），z 为总运费（千元），则该问题的数学模型为

$$\min z = 7x_{11} + 9x_{12} + 3x_{13} + 7x_{14} + 2x_{21} + 9x_{22} + 2x_{23} + 8x_{24} +$$
$$7x_{31} + 4x_{32} + 10x_{33} + 5x_{34}$$

$$\text{s.t.} \begin{cases} x_{11} + x_{12} + x_{13} + x_{14} = 7 \\ x_{21} + x_{22} + x_{23} + x_{24} = 4 \\ x_{31} + x_{32} + x_{33} + x_{34} = 8 \\ x_{11} + x_{21} + x_{31} \leqslant 3 \\ x_{12} + x_{22} + x_{32} \leqslant 7 \\ x_{13} + x_{23} + x_{33} \leqslant 4 \\ x_{14} + x_{24} + x_{34} \leqslant 6 \\ x_{ij} \geqslant 0 \ (i = 1, 2, 3; \ j = 1, 2, 3, 4) \end{cases}$$

按照上述模型编写 Lingo 程序如下：

```
model:
sets:
warehouses/f1,f2,f3/:capacity;
customers/b1,b2,b3,b4/:demand;
links(warehouses,customers):cost,volume;
endsets
min=@sum(links:cost*volume);
@for(customers(j):
@sum(warehouses(I):volume(I,j))<=demand(j));
@for(warehouses(I):
@sum(customers(j):volume(I,j))=capacity(I));
data:
capacity=7 4 8;
demand=3 7 4 6;
cost=7 9 3   7
     2 9 2   8
     7 4 10 5 ;
enddata
end
```

计算结果如下：

```
Global optimal solution found.
Objective value:                        78.00000
Infeasibilities:                        0.000000
Total solver iterations:                7
Model Class:                            LP
Total variables:                        12
Nonlinear variables:                    0
Integer variables:                      0
Total constraints:                      8
Nonlinear constraints:                  0
Total nonzeros:                         36
Nonlinear nonzeros:                     0
Variable            Value           Reduced Cost
CAPACITY(F1)        7.000000        0.000000
CAPACITY(F2)        4.000000        0.000000
CAPACITY(F3)        8.000000        0.000000
DEMAND(B1)          3.000000        0.000000
DEMAND(B2)          7.000000        0.000000
DEMAND(B3)          4.000000        0.000000
DEMAND(B4)          6.000000        0.000000
COST(F1,B1)         7.000000        0.000000
COST(F1,B2)         9.000000        0.000000
```

COST(F1,B3)	3.000000	0.000000
COST(F1,B4)	7.000000	0.000000
COST(F2,B1)	2.000000	0.000000
COST(F2,B2)	9.000000	0.000000
COST(F2,B3)	2.000000	0.000000
COST(F2,B4)	8.000000	0.000000
COST(F3,B1)	7.000000	0.000000
COST(F3,B2)	4.000000	0.000000
COST(F3,B3)	10.00000	0.000000
COST(F3,B4)	5.000000	0.000000
VOLUME(F1,B1)	0.000000	4.000000
VOLUME(F1,B2)	0.000000	3.000000
VOLUME(F1,B3)	3.000000	0.000000
VOLUME(F1,B4)	4.000000	0.000000
VOLUME(F2,B1)	3.000000	0.000000
VOLUME(F2,B2)	0.000000	4.000000
VOLUME(F2,B3)	1.000000	0.000000
VOLUME(F2,B4)	0.000000	2.000000
VOLUME(F3,B1)	0.000000	6.000000
VOLUME(F3,B2)	7.000000	0.000000
VOLUME(F3,B3)	0.000000	9.000000
VOLUME(F3,B4)	1.000000	0.000000

最优运输方案：由生产厂 1 运往经销商 3 和经销商 4 的运量分别为 3 千吨、4 千吨；由生产厂 2 运往经销商 1 和经销商 3 的运量分别为 3 千吨、1 千吨；由生产厂 3 运往经销商 2 和经销商 4 的运量分别为 7 千吨、1 千吨. 最优总运费为 78 千元.

由该方案可以观察到，经销商 4 的需求没有完全得到满足，这是自然的，由于总产量与总需求量差 1 千吨，三个生产厂的产量不足以满足所有经销商的需求，现在得出的总运费是把所有的产量进行合理分配的结果.

2.3　运输问题悖论

对运输问题的研究发现，在有些运输问题中存在一种有趣的现象，即当总运量上升后，总运费非但没有上升，反而下降.

下面举一个运输问题悖论的例子，以飨读者.

例 2.3.1　设某种物资有 4 个产地 A_1、A_2、A_3、A_4，运往 5 个销地 B_1、B_2、B_3、B_4、B_5，各产地的产量（百吨）、各销地的销量（百吨）及各产地到各销地的单位运价（百元/百吨）见表 2-4.

表 2-4

产地	销地					产量/百吨
	B_1	B_2	B_3	B_4	B_5	
	各产地到各销地的单位运价/（百元/百吨）					
A_1	14	15	6	13	14	7
A_2	16	9	22	13	16	18
A_3	8	5	11	4	5	6
A_4	12	4	18	9	10	15
销量/百吨	4	11	12	8	11	

（1）如何调运既能满足各销地的需求，又能使总运费达到最少？

（2）如果 A_1、A_3 产量各增加 5 百吨，B_2 的需求增加 10 百吨，运输方案如何变化？总运费是多少？

解 （1）相应的 Lingo 求解程序如下：

```
model:
sets:
warehouses/a1,a2,a3,a4/:capacity;
customers/b1,b2,b3,b4,b5/:demand;
links(warehouses,customers):cost,volume;
endsets
min=@sum(links:cost*volume);
@for(customers(j):
@sum(warehouses(I):volume(I,j))=demand(j));
@for(warehouses(I):
@sum(customers(j):volume(I,j))=capacity(I));
data:
capacity=7 18 6 15;
demand=4 11 12 8 11;
cost=14 15 6 13 14
     16 9 22 13 16
     8 5 11 4 5
     12 4 18 9 10;
enddata
end
```

计算结果如下：

```
Global optimal solution found.
Objective value:                              444.0000
Variable              Value          Reduced Cost
VOLUME(A1,B1)         0.000000       13.00000
VOLUME(A1,B2)         0.000000       21.00000
```

VOLUME(A1,B3)	7.000000	0.000000
VOLUME(A1,B4)	0.000000	15.00000
VOLUME(A1,B5)	0.000000	14.00000
VOLUME(A2,B1)	4.000000	0.000000
VOLUME(A2,B2)	6.000000	0.000000
VOLUME(A2,B3)	0.000000	1.000000
VOLUME(A2,B4)	8.000000	0.000000
VOLUME(A2,B5)	0.000000	1.000000
VOLUME(A3,B1)	0.000000	2.000000
VOLUME(A3,B2)	0.000000	6.000000
VOLUME(A3,B3)	5.000000	0.000000
VOLUME(A3,B4)	0.000000	1.000000
VOLUME(A3,B5)	1.000000	0.000000
VOLUME(A4,B1)	0.000000	1.000000
VOLUME(A4,B2)	5.000000	0.000000
VOLUME(A4,B3)	0.000000	2.000000
VOLUME(A4,B4)	0.000000	1.000000
VOLUME(A4,B5)	10.00000	0.000000

（2）将 A_1、A_3 产量各增加 5 百吨，B_2 的需求增加 10 百吨，应用 Lingo 软件求解结果如下：

```
Global optimal solution found.
Objective value:                    409.0000
```

Variable	Value	Reduced Cost
VOLUME(A1,B1)	0.000000	7.000000
VOLUME(A1,B2)	0.000000	15.00000
VOLUME(A1,B3)	12.00000	0.000000
VOLUME(A1,B4)	0.000000	9.000000
VOLUME(A1,B5)	0.000000	9.000000
VOLUME(A2,B1)	4.000000	0.000000
VOLUME(A2,B2)	6.000000	0.000000
VOLUME(A2,B3)	0.000000	7.000000
VOLUME(A2,B4)	8.000000	0.000000
VOLUME(A2,B5)	0.000000	2.000000
VOLUME(A3,B1)	0.000000	1.000000
VOLUME(A3,B2)	0.000000	5.000000
VOLUME(A3,B3)	0.000000	5.000000
VOLUME(A3,B4)	0.000000	0.000000
VOLUME(A3,B5)	11.00000	0.000000
VOLUME(A4,B1)	0.000000	1.000000
VOLUME(A4,B2)	15.00000	0.000000
VOLUME(A4,B3)	0.000000	8.000000
VOLUME(A4,B4)	0.000000	1.000000
VOLUME(A4,B5)	0.000000	1.000000

由上述计算结果可以看出，在产地、销地、单位运价均相同的情况下，运输总量增加了 10 百吨，但总运费却减少了 35 百元，这种奇特的现象称为运输问题悖论.

2.4 运输问题的应用

由于运输问题的求解比较简便，因此人们常常把日常生活中的一些实际问题转化为运输问题来处理. 但是并非任何问题都能转化成运输问题，而且由于实际问题的复杂性，目前运输问题中仍有相当一部分问题未得到解决. 尽管如此，运输问题仍有较多的应用.

本节介绍运输问题的几个典型应用，以此来进一步拓宽视野. 这几个问题都比较复杂，需要先进行适当处理，才能转化为运输问题来求解.

2.4.1 短缺资源的分配问题

现在考察一个具体问题.

例 2.4.1 有 A_1、A_2 两座煤矿，负责向 B_1、B_2、B_3 三个城市供应采暖用煤. 各矿的产量、各城市的需求量以及各煤矿到各城市的单位运价（元/吨）见表 2-5. 由于需求大于供给，经研究决定，城市 B_1 的供应量可减少 0～900 吨，城市 B_2 的需求必须全部满足，城市 B_3 的供应量不少于 1600 吨，试求总费用最少的调运方案.

表 2-5

煤矿	城市			产量/吨
	B_1	B_2	B_3	
	各煤矿到各城市的单位运价/（元/吨）			
A_1	170	185	198	1500
A_2	160	175	217	4000
需求量/吨	3500	1100	2400	

解 根据题意可知，该问题为一个产销不平衡的运输问题. 由于城市 B_1 供应量可减少 0～900 吨，城市 B_3 的供应量不少于 1600 吨，可以将这两个城市分别设为两个城市：一个城市的需求量务必全部满足，另一个城市的供应量可以调整. 由于产小于销，因而可以虚设一个煤矿 A_3 作为产地. 由此，原问题转化为具有 3 个产地 A_1、A_2、A_3 和 5 个销地 B_1、B_1'、B_2、B_3、B_3' 的产销平衡的运输问题.

虚设的煤矿不能真实地提供采暖用煤，因此，虚设的煤矿到务必满足煤炭供应城市的运价应设为一个充分大的正数 M，到可调整供应城市的运价应设为 0，即可得到表 2-6 所示的产销平衡运价表.

表 2-6

煤矿	城市					产量/吨
	B_1	B_1'	B_2	B_3	B_3'	
	各煤矿到各城市的单位运价/（元/吨）					
A_1	170	170	185	198	198	1500
A_2	160	160	175	217	217	4000
A_3	M	0	M	M	0	1500
需求量/吨	2600	900	1100	1600	800	

应用 Lingo 软件求解该问题，可得最优方案为：A_1 向 B_3 供应 1500 吨煤，A_2 向 B_1 供应 2800 吨煤，向 B_2 供应 1100 吨煤，向 B_3 供应 100 吨煤. 总费用为 959200 元.

2.4.2　生产调度问题

生产调度，是指将某种产品在一个计划期内的某项生产指标（如总产量），合理分解到各个生产周期，使得既能完成该项生产指标，又能使总费用达到最少.

下面通过一个实例来说明如何将生产调度问题转化为运输问题来处理.

例 2.4.2　某造船厂按合同规定须于当年每个季度末分别提供 10、15、25、30 艘同一规格的渔船. 已知该厂各季度的生产能力及生产每艘渔船的成本见表 2-7. 若生产出来的渔船当季不交货，则每艘每积压一个季度需存储、维护等费用 2 万元. 该厂如何安排生产进度，既能完成合同，又能使全年的生产费用最少？

表 2-7

季度	生产能力/艘	生产每艘渔船的成本/万元
1	25	30
2	35	30.5
3	15	30.3
4	20	31

解　这是一个生产计划问题，可以转化为运输问题来处理.

由于每个季度生产出来的渔船不一定当季交货，可以设 x_{ij} 表示第 i 季度生产用于第 j 季度交货的渔船数. 设 c_{ij} 为第 i 季度生产第 j 季度交货的每艘渔船的实际成本，c_{ij}=第 i 季度每艘的生产成本$+2(j-i)$.

将第 i 季度生产的渔船数量视为第 i 个产地的产量，第 j 季度交货的渔船数量视为第 j 个销地的销量，生产成本加上存储维护费用视为运价，即可将该问题转化为运输问题，相关数据参见表 2-8.

表 2-8

产地	销地				产量/艘
	1	2	3	4	
	各产地到各销地的单位运价/（万元/艘）				
1	30	32	34	36	25
2	M	30.5	32.5	34.5	35
3	M	M	30.3	32.3	15
4	M	M	M	31	20
销量/艘	10	15	25	30	

4 个季度总的生产能力为 25+35+15+20=95（艘），合同的总需求量为 10+15+25+30=80（艘）.

显然，这是一个产大于销的运输问题.

应用 Lingo 软件求解，可以求得最优生产计划为：第一季度生产 10 艘，并当季交货；第二季度生产 35 艘，15 艘当季交货，20 艘第三季度交货；第三季度生产 15 艘，5 艘当季交货，10 艘第四季度交货；第四季度生产 20 艘，并当季交货. 总费用为 2502 万元.

例 2.4.3 某制造企业根据合同要求，从当年起连续三年在年末各提供 3 套型号规格相同的大型设备. 已知该企业今后 3 年的生产能力及生产成本见表 2-9.

表 2-9

年度	正常生产时可完成的设备数量/套	加班生产时可完成的设备数量/套	正常生产时每套设备的成本/万元
第一年	2	3	500
第二年	4	2	600
第三年	1	3	550

如果该企业加班生产，将会使每套设备成本比正常生产时要高出 70 万元. 同时，如果所制造出的设备当年不能交货，每套设备每积压一年将增加维护保养费等费用 40 万元. 在签订合同时，该企业库存了两套该种设备，该企业希望在第三年末完成合同任务后还能存储一套该种设备留作备用. 试问该企业应如何安排生产计划，使得在满足上述要求的条件下，总成本费用达到最小？

解　该问题可以归结为一个运输问题来处理. 为此, 可将初始库存、每年正常生产及每年加班生产视为产地 (7 个), 把每一年的需求视为销地 (3 个), 从而转化为运输问题, 有关数据见表 2-10.

表 2-10

产地	销地			产量/套
	1	2	3	
	各产地到各销地的单位运价/（万元/套）			
1	0	40	80	2
2	500	540	580	2
3	570	610	650	3
4	M	600	640	4
5	M	670	710	2
6	M	M	550	1
7	M	M	620	3
销量/套	3	3	4	

应用 Lingo 软件求解, 可以求得以下两个最优生产计划.

（1）库存设备第一年交付 1 套, 第二年交付 1 套; 第一年正常生产 2 套, 当年交付; 第二年正常生产 2 套, 当年交付; 第三年正常生产 1 套, 加班生产 3 套, 当年交付 3 套, 存储 1 套备用. 总费用为 4650 万元.

（2）库存设备第一年全部交付; 第一年正常生产 2 套, 当年交付 1 套, 第二年交付 1 套; 第二年正常生产 2 套, 当年交付; 第三年正常生产 1 套, 加班生产 3 套, 当年交付 3 套, 存储 1 套备用. 总费用为 4650 万元.

2.4.3　转运问题

大多数运输问题, 都是将某种产品由各产地直接运往各销地. 但是, 实际生活中有些运输问题具有更为复杂的运输方式. 比如, 生产的产品不直接运往销地, 而是先经过几个中转站, 再运到某一销地. 这就是下文将要介绍的转运问题.

下面举例说明转运问题的解法.

例 2.4.4　某食品公司经销的主要产品为糖果. 它下面设有 A_1、A_2、A_3 三个加工厂, 每天分别将 3 吨、4 吨、3 吨糖果运往两个地区的门市部 B_1、B_2 销售, 各地区每天的销售量分别为 3 吨、7 吨. 在加工厂与门市部之间有 T_1、T_2 两个中转站. 各地间每吨糖果的运价（元/吨）见表 2-11. 问该食品公司应如何调运, 在满足各门市部销售需求的情况下, 使总的运费支出最少?

表 2-11

地点	A₁	A₂	A₃	T₁	T₂	B₁	B₂
A₁	0	3	2	3	—	6	8
A₂	4	0	2	5	2	13	9
A₃	—	2	0	3	2	11	3
T₁	3	5	2	0	6	2	5
T₂	—	3	2	7	0	2	2
B₁	6	—	—	2	—	0	9
B₂	—	—	3	—	3	9	0

表中 "—" 号表示不能运输.

解 从表中看出,从 A_2 到 B_2 每吨糖果的直接运费为 9 元,如从 A_2 经 A_3 运往 B_2,每吨运价为 2+3=5 元,从 A_2 经 T_2 运往 B_2 只需 2+2=4 元.可见该问题中从产地到销地之间的运输方案不唯一.为求解该问题,可将其作如下处理:

（1）将整个问题看作有 7 个产地和 7 个销地的扩大的运输问题.

（2）对扩大的运输问题建立单位运价表,并将不可能的运输方案中的"—"用充分大的正数 M 代替.

（3）所有中转站的产量等于销量,由于运费最少时不可能出现一批糖果来回倒运的情形,因此每个中转站的转运量不会超过 10 吨,从而,可规定其产量和销量均为 10 吨.

（4）由于扩大的运输问题中原来的产地与销地也具有转运的作用,因此同样在原来的产销量的基础上加上 10 吨.

经过上述处理,可以得到产销平衡的运输问题,有关数据参见表 2-12.

表 2-12

产地	销地							产量/吨
	A₁	A₂	A₃	T₁	T₂	B₁	B₂	
	各产地到各销地的单位运价/（元/吨）							
A₁	0	3	2	3	M	6	8	13
A₂	4	0	2	5	2	13	9	14
A₃	M	2	0	3	2	11	3	13
T₁	3	5	2	0	6	2	5	10
T₂	M	3	2	7	0	2	2	10
B₁	6	M	M	2	M	0	9	10
B₂	M	M	3	M	3	9	0	10
销量/吨	10	10	10	10	10	13	17	

应用 Lingo 软件求解，可以求得最优生产计划为：由 A_1 向 A_3 转运 3 吨，A_3 加上原有的 3 吨，将 6 吨运到 B_2；由 A_2 向 T_2 转运 4 吨，T_2 向 B_2 转运 1 吨，满足了 B_2 的需求，再由 T_2 向 B_1 运 3 吨，满足 B_1 的需求．此时，最低运费为 40 元．

习　题　2

1. 已知运输问题的产销地、产销量及各产销地间的单位运价见表 2-13 和表 2-14，试分别列出其数学模型．

表 2-13

产地	销地			产量/吨
	甲	乙	丙	
	产销地间的单位运价/（元/吨）			
1	20	16	24	300
2	10	15	8	600
3	17	18	11	100
销量/吨	200	400	300	

表 2-14

产地	销地			产量/吨
	甲	乙	丙	
	产销地间的单位运价/（元/吨）			
1	10	18	32	15
2	14	22	40	7
3	21	25	35	16
销量/吨	15	9	21	

2. 某农民承包了 5 块土地共 206 亩，打算种小麦、玉米和蔬菜 3 种农作物，各种农作物的计划播种面积（亩）以及每块土地种植各种不同农作物的亩产数量（千克）见表 2-15．问如何安排种植计划，可使总产量达到最高？

表 2-15

作物种类	各块土地产量/（千克/亩）					计划播种面积/亩
	1	2	3	4	5	
小麦	500	600	650	1050	800	86
玉米	850	800	700	900	950	70

续表

作物种类	各块土地产量/（千克/亩）					计划播种面积/亩
	1	2	3	4	5	
蔬菜	1000	950	850	550	700	50
土地亩数	36	48	44	32	46	

3. 设有甲、乙、丙三家工厂负责供应 A、B、C、D 四个地区的农用生产资料，等量的生产资料在这些地区所起的作用相同. 各工厂的产量、各地区的最低/最高需求量和单位运价见表 2-16，试求出总运费最少的生产资料调拨方案.

表 2-16

工厂	地区				产量/万吨
	A	B	C	D	
	各工厂到各地区单位运价/（万元/万吨）				
甲	16	13	22	17	50
乙	14	13	19	15	60
丙	19	20	23	—	50
最低需求量/万吨	30	70	0	10	
最高需求量/万吨	50	70	30	不限	

表中一号表示丙不能向 D 运输生产资料.

4. 某拖拉机厂按合同规定在当年前 4 个月末分别提供同一型号的拖拉机 50、40、60、80 台给用户. 该厂每个月的生产能力是 65 台，如果生产的产品当月不能交货，每台每月必须支付维护及存储费 0.15 万元，已知 4 个月内每台生产费分别是 1、1.15、0.95、0.85 万元，试安排这 4 个月的生产计划，使既能按合同如期交货，又能使总费用最小. 试将此问题转化为运输问题，建立此问题的线性规划模型并求最优解.

5. 某客车制造厂根据合同要求从当年开始起连续 4 年年末交付 40 辆规格型号相同的大型客车. 该厂在这 4 年内生产大型客车的能力及每辆客车的制造成本（万元/辆）见表 2-17.

表 2-17

年度	生产大型客车的能力/辆		制造成本/（万元/辆）	
	正常上班时间	加班时间	正常上班时间	加班时间
1	20	30	50	55
2	35	25	56	62

续表

年度	生产大型客车的能力/辆		制造成本/（万元/辆）	
	正常上班时间	加班时间	正常上班时间	加班时间
3	15	30	60	65
4	40	24	55	58

根据该厂的情况，若制造出来的客车当年未能交货，每辆车每积压一年的存储和维护费用为 4 万元. 问该厂应如何安排每年的客车生产量，使得在满足上述各项要求的情况下，总费用最少？试建立此问题的线性规划模型并求最优生产计划.

6. 某工厂生产某种电子产品，今年前 6 个月收到的该产品的订货数量分别为 2500 件、4200 件、3000 件、4000 件、4500 件、5000 件. 已知该厂的正常生产能力为每月 3000 件，利用加班生产还可以生产 1200 件. 正常生产的成本为每件 4500 元，加班生产还要增加 1500 元的成本，库存成本为每件每月 300 元. 试问该厂如何组织安排生产才能在满足订单需求的情况下使生产成本达到最低？

7. 求解表 2-18 所示的运输问题. 要求销地 B_1 的需求必须由产地 A_1 满足.

表 2-18

产地	销地			产量/吨
	B_1	B_2	B_3	
	产销地间的单位运价/（元/吨）			
A_1	5	1	2	20
A_2	3	2	4	10
A_3	7	5	2	15
A_4	9	6	1	15
销量/吨	5	10	15	

8. 已知运输问题见表 2-19.

表 2-19

产地	销地			产量/吨
	B_1	B_2	B_3	
	产销地间的单位运价/（元/吨）			
A_1	5	2	3	100
A_2	8	4	3	300
A_3	9	7	5	300
销量/吨	300	200	200	

（1）求解该运输问题.

（2）如果考虑一项劳动纠纷，暂时取消了由 A_2 到 B_2 的路线和 A_3 到 B_1 的路线，问应如何制定运输方案以使总运费最小？（可令 $c_{22} = c_{31} = M$，此处 M 是一个较大的正数）取消这两条路线给总运费会带来什么影响？

9. 某玩具公司分别生产 3 种新型玩具，每月可供量分别为 1000 件、2000 件、2000 件，它们分别被送到甲、乙、丙 3 个百货商店销售. 已知每月百货商店各类玩具预期销售量均为 1500 件，由于经营方面原因，各商店销售不同玩具的盈利额不同，见表 2-20. 又知丙百货商店要求至少供应 C 玩具 1000 件，而拒绝进 A 玩具. 求满足上述条件下，使总盈利额最大的供销分配方案.

表 2-20

玩具	百货商店			可供量/件
	甲	乙	丙	
	销售玩具盈利额/（元/件）			
A	5	4	—	1000
B	16	8	9	2000
C	12	10	11	2000

10. 已知某大学能存储 200 个文件在硬盘上，100 个文件在计算机存储器上，300 个文件在磁带上. 用户想存储 300 个字处理文件，100 个源程序文件，100 个数据文件. 每月，一个典型的字处理文件被访问 8 次，一个典型的源程序文件被访问 4 次，一个典型的数据文件被访问 2 次. 当某文件被访问时重新找到该文件所需的时间（s）取决于文件类型和存储介质，见表 2-21.

表 2-21

存储介质	文件类型		
	字处理文件	源程序文件	数据文件
硬盘	5	4	4
存储器	2	1	1
磁带	10	8	6

如果要求每月用户访问所需文件所花时间最少，试构造一个运输问题的模型来决定文件应该怎么存放，并求解.

11. 5 名运动员各种姿势的游泳成绩（各为 50m）见表 2-22. 试用运输问题的方法来决定如何选择 4 名运动员参加 200m 混合泳的接力比赛，使预期比赛成绩最好.

表 2-22

泳姿	运动员				
	甲	乙	丙	丁	戊
	游泳成绩/秒				
仰泳	37.7	32.9	33.8	37.0	35.4
蛙泳	43.4	33.1	42.2	34.7	41.8
蝶泳	33.3	28.5	38.9	30.4	33.6
自由泳	29.2	26.4	29.6	28.5	31.1

12. 汽车客运公司有豪华、中档和普通 3 种类型的客车 5 辆、10 辆和 15 辆，每辆车上均载客 40 人，客运公司每天要送 400 人到 B_1 城市，送 600 人到 B_2 城市。每辆客车每天只能送一次，从客运公司到 B_1 和 B_2 城市的票价见表 2-23.

试建立总收入最大的车辆调度方案数学模型，并求最优调运方案.

表 2-23

路线	客车类型		
	豪华	中档	普通
	票价/元		
到 B_1 城市	80	60	50
到 B_2 城市	65	50	40

13. 某公司有甲、乙、丙、丁 4 个分厂生产同一种产品，产量分别为 300 吨、500 吨、400 吨、100 吨，供应 Ⅰ、Ⅱ、Ⅲ、Ⅳ、Ⅴ、Ⅵ 六个地区，各地区的需求量分别为 300 吨、250 吨、350 吨、200 吨、250 吨、150 吨. 由于原料、工艺、技术的差别，各厂每千克产品的成本分别为 1.3 元、1.4 元、1.35 元、1.5 元. 又由于行情不同，各地区销售价分别为每千克 2.0 元、2.2 元、1.9 元、2.1 元、1.8 元、2.3 元. 已知从各分厂运往各销售地区（简称销地）的运价，见表 2-24.

表 2-24

产地	销地					
	Ⅰ	Ⅱ	Ⅲ	Ⅳ	Ⅴ	Ⅵ
	各产地到各销地的单位运价/（元/吨）					
甲	0.4	0.5	0.3	0.4	0.4	0.1
乙	0.3	0.7	0.9	0.5	0.6	0.3
丙	0.6	0.8	0.4	0.7	0.5	0.4
丁	0.7	0.4	0.3	0.7	0.4	0.7

如果要求第Ⅰ、第Ⅱ个销地至少供应 150 吨；第Ⅴ个销地的需求必须全部满足；其余销地只要求供应量不超过需求量．请确定一个运输方案使该公司获利最多．

14．某自行车制造公司设有 2 个装配厂，且在 4 地有 4 个销售公司，公司想要确定各家销售公司需要的自行车应由哪个厂装配，以使成本最小．有关数据见表 2-25 至表 2-27．试建立一个运输模型，以确定自行车装配和分配的最优方案．

表 2-25

项目	装配厂	
	A	B
供应量/辆	1100	1000
每辆装配费/元	45	55

表 2-26

销售公司	1	2	3	4
需求量/辆	500	300	550	650

表 2-27

装配厂	销售公司			
	1	2	3	4
	运输成本/（元/辆）			
A	9	4	7	19
B	2	18	14	6

15．甲、乙两个煤矿每年分别生产煤炭 500 万吨、600 万吨，供应 A、B、C、D 四个发电厂的需要，各发电厂的用煤量分别为 300 万吨、200 万吨、500 万吨、100 万吨．已知煤矿与发电厂之间煤炭运输的单价，见表 2-28．

表 2-28

煤矿	发电厂			
	A	B	C	D
	煤炭运输单价/（元/吨）			
甲	150	200	180	240
乙	80	210	60	170

（1）试确定从煤矿到每个发电厂间煤炭的最优调运方案．

（2）若在煤矿与发电厂间增加两个中转站 T_1、T_2，并且已知煤矿与中转站之间和中转站与发电厂之间的运价见表 2-29 至表 2-31. 试确定从煤矿到每个发电厂间煤炭的最优调运方案.

表 2-29

煤矿	中转站	
	T_1	T_2
	煤矿与中转站间单位运价/（元/吨）	
甲	90	100
乙	80	105

表 2-30

中转站	中转站	
	T_1	T_2
	中转站间单位运价/（元/吨）	
	T_1	T_2
T_1	0	110
T_2	110	0

表 2-31

煤矿	发电厂			
	A	B	C	D
	煤矿与发电厂间单位运价/（元/吨）			
甲	80	85	90	88
乙	95	100	85	90

案　例

案例 1　书刊征订、推广费用的节省问题

中国图书进出口总公司的主营业务之一是中文书刊对国外出口业务，由中文书刊出口部及两个分公司负责. 就中文报刊而言，每年 10—12 月为下一年度报刊订阅的征订期，在此期间，为巩固老订户，发展新订户，要向国外个人、大学图书馆、科研机构等无偿寄发小礼品和征订宣传推广材料.

中国图书进出口总公司在深圳、上海设有分公司，总公司从形成内部竞争机制、提高服务质量的角度考虑，允许这两家分公司也部分经营中文书刊的出口业务. 但为维护公司整体利益，避免内部恶性竞争，公司对征订期间 3 个部门寄发

征订材料的工作做了整体安排，见表 2-32. 日本、韩国、新加坡集中了该公司的绝大部分中文报刊订户，根据订户数分布数量的不同，寄发征订材料的数量也不同，对此公司也作了安排，见表 2-33.

一般情况下，这些材料无论由三家中哪个部门寄出，征收订户的效果大致相同；同时，无论读者向哪个部门订阅，为总公司创造的效益大致相同. 但由于各部门邮寄距离不同，邮寄方式及人工费用不同，导致从各部门寄往各地的费用也不同，见表 2-34.

由于寄发量大且每份材料的寄发费用较高，导致每年征订期日本、韩国以及中国香港特别行政区三地读者征订费用很高昂，大大加重了经营成本. 为此，如何在服从公司总体安排的前提下合理规划各部门的寄发数量，从而使总费用最省就成为一项有意义，值得研究的课题，根据所学运筹学知识，尝试对以上问题进行探讨.

请根据表 2-32 至表 2-34 所示的数据，做出一个公司整体的中文书刊征订材料的邮运方案，使得公司总的邮运费最小.

表 2-32

部门	份数/册
中文书刊出口部	15000
深圳分公司	7500
上海分公司	7500
总计	30000

表 2-33

国家	份数/册
日本	15000
新加坡	10000
韩国	5000
总计	30000

表 2-34   单位：元/册

部门	国家		
	日本	新加坡	韩国
中文书刊出口部	10.20	7	9
深圳分公司	12.50	4	14
上海分公司	6	8	7.50

案例 2 汽车配件厂生产工人的安排问题

某汽车配件厂主管生产的张经理正在考虑如何培训及合理安排工人以降低生产成本．该厂生产 3 类不同的汽车零配件 A、B、C，有 6 个不同级别的工人．每个工人每周工作时间为 40 小时．由于零配件复杂程度不同，要求不同熟练技术的工人完成．如 A 类配件的生产线复杂程度最高，要求由 1～3 级工人去操作，B 类配件生产线次之，C 类配件生产线对工人级别要求最低．已知目前不同级别工人人数、小时工资及每周用于各生产线的时间见表 2-35.

表 2-35

工人级别	人数	工资/（元/时）	每周用于各配件生产线时间/小时		
			A	B	C
1	4	15.0	160	—	—
2	9	14.5	360	—	—
3	20	13.0	600	200	—
4	54	12.0	—	160	2000
5	102	10.5	—	80	4000
6	40	9.75	—	—	1600

考虑到生产任务的变化，张经理正对工人进行培训，使不同级别的工人均能在 A、B、C 三类配件的生产线上工作．当然由于 A、B、C 零配件差别、不同级别工人专长等，不同级别工人在不同生产线上的工作效率不相同．表 2-36 给出了不同级别工人在 A、B、C 生产线上的工作效率．

表 2-36

工人级别	生产线			工人级别	生产线		
	A	B	C		A	B	C
1	2.00	1.20	2.00	4	1.80	2.16	1.45
2	1.80	1.08	1.80	5	1.62	1.93	1.31
3	1.62	2.50	1.62	6	1.30	1.74	1.20

已知下季度各周 A、B、C 零配件的需求数分别为 1900 件、1000 件和 10050 件．张经理初步测算，按表 2-35 给出的工作时间安排及表 2-36 给出的工作效率，该厂可以胜任下季度的任务，但这样安排的结果是没有一点机动空闲时间，同时工资的支出也不经济合算．因此他考虑：如何确定一个更有效的任务分配方案，使下季度任务用更少工资支付完成，以便腾出时间和费用用于零配件返修及完成临时追加的任务？

第3章 整数规划

本章学习目标

- 了解整数规划问题的分类.
- 理解整数规划问题解的特点.
- 掌握整数规划问题的建模.
- 熟练掌握整数规划的应用.

3.1 整数规划问题及其数学模型

3.1.1 引言

在前面所研究的线性规划问题中，一般问题的最优解可以是非整数，即为分数或小数.但在许多实际问题中，决策变量常常要求必须取整数,即称为整数解.例如，若问题的解表示的是安排上班的人数、机器设备的台数、裁剪钢材的根数等，则分数或小数解显然不符合实际.

整数规划是近几十年来发展起来的规划论的一个分支，要求全部或部分决策变量取整数，包括整数线性规划和整数非线性规划. 由于整数非线性规划尚无一般算法，因此本章介绍的整数规划仅指整数线性规划.

3.1.2 整数规划问题的分类

根据对各变量要求的不同，整数规划问题可分为纯整数规划问题、混合整数规划问题和 0-1 整数规划问题 3 种类型.

纯整数规划问题：在求解实际问题时，要求所有的变量都取整数.

混合整数规划问题：在求解实际问题时，只要求一部分变量取整数值.

0-1 整数规划问题：在求解实际问题时，要求全部或部分变量取值只限于 0 或 1.

3.1.3 整数规划问题的数学模型

下面介绍整数规划问题的几个典型实例，通过这几个问题来了解整数规划问题的数学模型.

1. 纯整数规划模型

例 3.1.1 某工厂用两种原材料 A 和 B 生产两种产品 Ⅰ 和 Ⅱ，有关数据见表 3-1.

表 3-1

	产品 Ⅰ	产品 Ⅱ	可供量/kg
原材料 A/（kg/件）	5	4	39
原材料 B/（kg/件）	6	7	48
利润/（元/件）	15	12	

问工厂应如何安排生产才能获得最大利润？

解 设 x_1、x_2 分别为 Ⅰ 和 Ⅱ 两种产品的产量，显然，x_1、x_2 为非负的整数，因而这是一个纯整数规划问题. 其数学模型为

$$\max \ z = 15x_1 + 12x_2$$

$$\text{s.t.} \begin{cases} 5x_1 + 4x_2 \leqslant 39 \\ 6x_1 + 7x_2 \leqslant 48 \\ x_1, x_2 \geqslant 0 \\ x_1, x_2 \text{ 为整数} \end{cases}$$

在该问题中，两个决策变量都有整数要求，因此，这是一个纯整数规划问题. 通常把不考虑整数条件，由余下的目标函数和约束条件构成的规划问题称为该整数规划问题的松弛问题. 就该问题而言，其松弛问题为线性规划问题. 任何一个整数线性规划问题都可以看作一个线性规划问题再加上整数约束.

纯整数线性规划问题数学模型的一般形式为

$$\max (\min) \ z = \sum_{j=1}^{n} c_j x_j$$

$$\text{s.t.} \begin{cases} \sum_{j=1}^{n} a_{ij} x_j \leqslant (=, \geqslant) \ b_i \ (i=1,2,\cdots,m) \\ x_j \geqslant 0 \text{ 且为整数} \ (j=1,2,\cdots,n) \end{cases}$$

2. 0-1 整数规划模型

例 3.1.2 某银行打算在城市 A 新增若干储蓄所以扩展银行储蓄业务，方案中有 16 个地点 B_j $(j=1,2,\cdots,16)$ 可供选择，考虑到各地区居民的消费水平，特规

定如下：

B$_1$，B$_2$，B$_3$，B$_4$四个地点至少选两个.

B$_5$，B$_6$，B$_7$三个地点至多选一个.

B$_8$，B$_9$，B$_{10}$三个地点至多选两个.

B$_{11}$，B$_{12}$两个地点至少选一个.

B$_{13}$，B$_{14}$，B$_{15}$，B$_{16}$四个地点至少选三个.

预计各地点的设备投资及每年可获利润见表 3-2.

表 3-2
单位：万元

地点	投资额	利润	地点	投资额	利润
B$_1$	75	30	B$_9$	120	50
B$_2$	90	42	B$_{10}$	115	37
B$_3$	100	20	B$_{11}$	85	28
B$_4$	85	35	B$_{12}$	75	30
B$_5$	80	40	B$_{13}$	100	19
B$_6$	95	36	B$_{14}$	120	50
B$_7$	110	48	B$_{15}$	95	32
B$_8$	105	38	B$_{16}$	90	35

已知该银行用于选建储蓄所的投资额不超过 1000 万元，问应在哪几个地点建储蓄所，可使年利润为最大？

解 $x_j = 1$，表示选择在地点 B$_j$ 建立储蓄所；$x_j = 0$，表示不在地点 B$_j$ 建立储蓄所，其中，$j = 1,2,\cdots,16$.

则该问题的数学模型可表示如下：

$$\max z = 30x_1 + 42x_2 + 20x_3 + 35x_4 + 40x_5 + 36x_6 + 48x_7 + 38x_8 + 50x_9 + $$
$$37x_{10} + 28x_{11} + 30x_{12} + 19x_{13} + 50x_{14} + 32x_{15} + 35x_{16}$$

$$\text{s.t.} \begin{cases} 75x_1 + 90x_2 + 100x_3 + 85x_4 + 80x_5 + 95x_6 + 110x_7 + 105x_8 + \\ 120x_9 + 115x_{10} + 85x_{11} + 75x_{12} + 100x_{13} + 120x_{14} + 95x_{15} + 90x_{16} \leqslant 1000 \\ x_1 + x_2 + x_3 + x_4 \geqslant 2 \\ x_5 + x_6 + x_7 \leqslant 1 \\ x_8 + x_9 + x_{10} \leqslant 2 \\ x_{11} + x_{12} \geqslant 1 \\ x_{13} + x_{14} + x_{15} + x_{16} \geqslant 3 \\ x_j = 0,1 \ (j = 1,2,\cdots,16) \end{cases}$$

该问题的决策变量仅限于取 0 或 1 两个值，因此为 0 - 1 整数规划问题. 0 - 1 规划可以是线性的，也可以是非线性的，0 - 1 线性规划问题数学模型的一般形式：

$$\max（\min）z = \sum_{j=1}^{n} c_j x_j$$

$$\text{s.t.} \begin{cases} \sum_{j=1}^{n} a_{ij} x_j \leqslant (=, \geqslant) \ b_i & (i = 1, 2, \cdots, m) \\ x_j = 0 \ \text{或} \ 1 & (j = 1, 2, \cdots, n) \end{cases}$$

3. 指派问题模型

在实际生产管理中，总希望把有限的资源（人员、资金等）进行最佳的分配，以获取最大的经济效益. 在现实生活中，有各种性质的指派问题. 例如，某部门有 n 项任务要完成，而该部门正好有 n 个人能够完成其中每项任务. 由于每个人的专长不同，完成各项任务的费用也各不相同. 又因任务性质的要求和管理上的需要等原因，每个人仅能完成一项任务，而每项任务仅要一个人去完成. 则应指派哪个人完成哪项任务，能使完成各项任务的总费用最少？这是典型的分配问题或指派问题.

例 3.1.3 某大学将要承办一学术会议. 为了会议的顺利进行，需要甲、乙、丙、丁四个人分别完成 A、B、C、D 四项工作. 由于每个人完成每项工作所花费的时间不同，有关数据见表 3-3. 问应如何安排，才能使总的时间最少？

表 3-3

人员	工作			
	A	B	C	D
	完成每项工作的时间/小时			
甲	32	40	28	42
乙	46	43	30	52
丙	38	58	35	41
丁	31	56	27	49

解 令 $x_{ij} = 1$ 表示安排第 i 个人做第 j 项工作，$x_{ij} = 0$ 表示第 i 个人不做第 j 项工作，$i, j = 1, 2, 3, 4$；z 表示完成四项工作花费的总时间（小时）.

根据题意，每个人只做一项工作，其约束条件为

$$x_{11} + x_{12} + x_{13} + x_{14} = 1$$
$$x_{21} + x_{22} + x_{23} + x_{24} = 1$$
$$x_{31} + x_{32} + x_{33} + x_{34} = 1$$
$$x_{41} + x_{42} + x_{43} + x_{44} = 1$$

每项工作只能由一个人来完成，其约束条件为

$$x_{11} + x_{21} + x_{31} + x_{41} = 1$$
$$x_{12} + x_{22} + x_{32} + x_{42} = 1$$
$$x_{13} + x_{23} + x_{33} + x_{43} = 1$$
$$x_{14} + x_{24} + x_{34} + x_{44} = 1$$

目标函数为总时间最少，即

$$\min z = 32x_{11} + 40x_{12} + 28x_{13} + 42x_{14} + 46x_{21} + 43x_{22} + 30x_{23} + 52x_{24} +$$
$$38x_{31} + 58x_{32} + 35x_{33} + 41x_{34} + 31x_{41} + 56x_{42} + 27x_{43} + 49x_{44}$$

由此可得该问题的数学模型为

$$\min z = 32x_{11} + 40x_{12} + 28x_{13} + 42x_{14} + 46x_{21} + 43x_{22} + 30x_{23} + 52x_{24} +$$
$$38x_{31} + 58x_{32} + 35x_{33} + 41x_{34} + 31x_{41} + 56x_{42} + 27x_{43} + 49x_{44}$$

$$\text{s.t.} \begin{cases} x_{11} + x_{12} + x_{13} + x_{14} = 1 \\ x_{21} + x_{22} + x_{23} + x_{24} = 1 \\ x_{31} + x_{32} + x_{33} + x_{34} = 1 \\ x_{41} + x_{42} + x_{43} + x_{44} = 1 \\ x_{11} + x_{21} + x_{31} + x_{41} = 1 \\ x_{12} + x_{22} + x_{32} + x_{42} = 1 \\ x_{13} + x_{23} + x_{33} + x_{43} = 1 \\ x_{14} + x_{24} + x_{34} + x_{44} = 1 \\ x_{ij} = 0 \text{ 或 } 1 \ (i, j = 1, 2, 3, 4) \end{cases}$$

该问题为指派问题.

指派问题的一般提法（以对象和任务为例）如下. 有 n 个对象，n 项任务，已知第 i 个对象完成第 j 项任务的效益（如利润、费用、时间等）为 c_{ij}，要求确定对象和任务之间一一对应的指派方案，使完成这 n 项任务的总效益最佳.

下面建立一般指派问题的数学模型.

在指派问题中，通常称矩阵

$$\boldsymbol{C} = (c_{ij}) = \begin{pmatrix} c_{11} & c_{12} & \dots & c_{1n} \\ c_{21} & c_{22} & \dots & c_{2n} \\ \vdots & \vdots & & \vdots \\ c_{n1} & c_{n2} & \dots & c_{nn} \end{pmatrix}$$

为效益矩阵. 引入 $0 - 1$ 变量 x_{ij}，当指派第 i 个对象完成第 j 项任务时，$x_{ij} = 1$；否则，$x_{ij} = 0$，$i, j = 1, 2, \cdots, n$.

指派问题数学模型的一般形式为

$$\min（\max）z = \sum_{i=1}^{n}\sum_{j=1}^{n}c_{ij}x_{ij}$$

$$\text{s.t.}\begin{cases} \sum_{j=1}^{n}x_{ij}=1 \quad (i=1,2,\cdots,n) & (1) \\ \sum_{i=1}^{n}x_{ij}=1 \quad (j=1,2,\cdots,n) & (2) \\ x_{ij}=0 \text{ 或 } 1 \, (i,j=1,2\cdots,n) \end{cases}$$

在该模型中，约束条件（1）表示每个对象只能完成一项任务，约束条件（2）表示每项任务只能由一个对象来完成，z 为总效益.

指派问题的可行解，可用解矩阵来表示：

$$\boldsymbol{X}=(x_{ij})_{n\times n}=\begin{pmatrix} x_{11} & x_{12} & \cdots & x_{1n} \\ x_{21} & x_{22} & \cdots & x_{2n} \\ \vdots & \vdots & & \vdots \\ x_{n1} & x_{n2} & \cdots & x_{nn} \end{pmatrix}$$

显然，作为指派问题的可行解，解矩阵的每一行元素中有且只有一个 1，每一列元素中也有且只有一个 1，其余元素均为 0. 因而，指派问题的可行解为 n 阶排列矩阵，共有 $n!$ 个.

例如，$\begin{pmatrix} 1 & 0 & 0 & 0 \\ 0 & 1 & 0 & 0 \\ 0 & 0 & 1 & 0 \\ 0 & 0 & 0 & 1 \end{pmatrix}$ 即为例 3.1.3 的一个可行解.

此外，指派问题存在一些特殊情形，现叙述如下：

（1）对象数和任务数不相等的指派问题. 若对象数少，任务数多，则添加虚拟对象，这些虚拟对象完成任务的费用设为 0，可以理解为这些费用不会发生；反之，若对象数多，任务数少，则添加虚拟任务，每个对象完成这些虚拟任务的费用也设为 0，由此可以把对象数和任务数不相等的指派问题转化为一般的指派问题.

（2）一个对象可以完成几项任务的指派问题. 若某个对象可以完成几项任务，可将其化为几个相同的对象来接受指派，这几个对象完成同一项任务的费用相同.

（3）某任务一定不能由某个对象来完成的指派问题. 若某任务一定不能由某个对象来完成，则可以设该对象完成这项任务的费用为足够大的正数 M.

4. 存在相互排斥约束条件的混合整数规划模型

例 3.1.4 某公司研发出三种新产品，该公司有两个工厂都可以生产这些产品．为了使产品的生产线不致过于多样化，决策层决定实施如下限制：

（1）在三种新产品中，至多有两个投入生产．

（2）两个工厂中，仅有一个能作为新产品的唯一生产者．

对于两个工厂来说，每种新产品的单位生产成本都是相同的．然而，由于两个工厂的生产设备不同，每种产品的单位生产时间可能不同，有关数据见表 3-4.

表 3-4

工厂	产品			每天可用生产时间/小时
	1	2	3	
	单位产品的生产时间/小时			
1	2	3	5	18
2	4	2	6	20
利润/（百元/个）	12	13	10	
销量/（个/天）	8	6	7	

问公司应如何决策才能获取最大利润？

解　设 x_i 为第 i 种产品的产量，$i=1,2,3$；若生产第 j 种产品，令 $y_j=1$，否则，令 $y_j=0$，$j=1,2,3$；若由工厂 1 生产新产品，令 $y_4=0$，否则，令 $y_4=1$；令 z 表示出售新产品获取的总利润，则有

$$\max\ z = 12x_1 + 13x_2 + 10x_3$$

$$\text{s.t.}\begin{cases} x_1 \leqslant My_1 \\ x_2 \leqslant My_2 \\ x_3 \leqslant My_3 \\ y_1 + y_2 + y_3 \leqslant 2 \\ x_1 \leqslant 8 \\ x_2 \leqslant 6 \\ x_3 \leqslant 7 \\ 2x_1 + 3x_2 + 5x_3 \leqslant 18 + My_4 \\ 4x_1 + 2x_2 + 6x_3 \leqslant 20 + M(1-y_4) \\ x_i \geqslant 0 \text{且为整数 } (i=1,2,3) \\ y_j = 0 \text{ 或 } 1 \quad (j=1,2,3,4) \end{cases}$$

其中，M 为充分大的常数．第八个和第九个约束表示的两个条件相互排斥，亦即两个工厂中，只有一个工厂生产新产品．$y_4=0$，表示第八个约束起作用，工厂 1 生产新产品；$y_4=1$，表示第九个约束起作用，工厂 2 生产新产品．

一般地，如果有 m 个互相排斥的约束条件

$$\alpha_{i1}x_1 + \alpha_{i2}x_2 + \cdots \alpha_{in}x_n \leqslant b_i \quad (i = 1, 2, \cdots, m)$$

若要求 m 个约束条件中只有一个起作用，可以引入 m 个 0 - 1 变量 y_i（$i = 1, 2, \cdots, m$）和一个充分大的常数 M，则下面这一组 $m+1$ 个约束条件

$$\alpha_{i1}x_1 + \alpha_{i2}x_2 + \cdots + \alpha_{in}x_n \leqslant b_i + y_iM \quad (i = 1, 2, \cdots, m)$$

$$y_1 + y_2 + \cdots + y_m = m - 1$$

就合乎要求.

若要求 m 个约束条件中有 k 个起作用，只需把上式中的

$$y_1 + y_2 + \cdots + y_m = m - 1$$

改为

$$y_1 + y_2 + \cdots + y_m = m - k$$

即可.

3.2　整数规划问题的求解

3.2.1　整数规划问题解的特点

对于整数规划问题的求解，一种很自然的方法是先撇开问题的整数要求，用单纯形法求得最优解，然后将解凑成整数. 但是这样的做法通常是不可行的. 一般情形下，用单纯形法求得的最优解不会刚好满足变量的整数约束条件，因而不是整数规划问题的可行解，自然就不是整数规划问题的最优解. 此时，若对该最优解中不符合整数要求的分量通过"四舍五入"或"只舍不入"简单地取整，所得到的解不一定是整数规划问题的可行解，或者即便为可行解，也不一定是整数规划问题的最优解，充其量只能说是"近似最优解". 而且，当整数规划问题涉及的变量较多时，通过这样的方式取整一般是难以处理的，因为需要对每个取整后的解作出"取"或"舍"的选择，这时的计算量是非常大的，甚至用计算机也难以处理.

另一种容易想到的方法为枚举法，也就是把整数规划问题所有的整数可行点的目标值进行比较，而后从中选出最优的目标值对应的整数可行点即为最优解. 这种想法没有问题，但有时会出现满足约束的整数太多的情况，此时计算量也会非常大，以至于枚举法也不可取.

事实上，整数规划问题与一般的规划问题相比，其可行解不再是连续的，而是离散的. 由于离散问题比连续问题更难以处理，因而，整数规划问题要比一般

的线性规划问题难解得多. 目前常用的方法有分支定界法、割平面法等, 但手工计算都非常繁琐.

目前, 规模较大的整数规划问题通常通过计算机软件来处理, 接下来介绍如何通过 Lingo 软件来求解整数规划问题.

3.2.2 用 Lingo 软件求解整数规划问题

前面介绍过, 求解整数规划问题有两种方法: 一种是分支定界法; 另一种是割平面法. Lingo 软件求解整数规划问题实际上用的是分支定界法. 用 Lingo 软件求解整数规划问题非常简单, 只需在线性规划求解的基础上对变量加一个限制函数——@gin(x)(变量 x 取整数)即可. 对于 0‑1 规划, 也只需加一个限制函数——@bin(x)(变量 x 取 0 或 1).

例 3.2.1 用 Lingo 软件求解例 3.1.1.

解 编写 Lingo 程序如下:

    max =15*x1+12*x2;
    5*x1+4*x2<=39;
    6*x1+7*x2<=48;
    @gin(x1);
    @gin(x2);

其中, 程序的第一行为目标函数, 第二行和第三行为约束条件, 第四行和第五行限制变量为整数.

计算结果如下:

    Global optimal solution found.
    Objective value: 105.0000
    Objective bound: 105.0000
    Infeasibilities: 0.000000
    Extended solver steps: 0
    Total solver iterations: 0
    Model Class: PILP
    Total variables: 2
    Nonlinear variables: 0
    Integer variables: 2
    Total constraints: 3
    Nonlinear constraints: 0
    Total nonzeros: 6
    Nonlinear nonzeros: 0
    Variable   Value   Reduced Cost
    X1   7.000000   -15.00000
    X2   0.000000   -12.00000

由上述求解结果可以看出，求得的为 Global optimal solution（全局最优解），Objective value（目标函数值）为 105，Objective bound（目标函数的界）为 105，Model Class（模型类型）是 PILP（纯整数线性规划），最优解为 X1=7，X2=0．即产品Ⅰ生产 7 件，产品Ⅱ不生产，可获得最大利润，最大利润为 105 元．

例 3.2.2 用 Lingo 软件求解例 3.1.2.

解 编写 Lingo 程序如下：

```
max=30*x1+42*x2+20*x3+35*x4+40*x5+36*x6+48*x7+38*x8+
50*x9+37*x10+28*x11+30*x12+19*x13+50*x14+32*x15+35*x16;
75*x1+90*x2+100*x3+85*x4+80*x5+95*x6+110*x7+105*x8+120*x9+115*x10+85*x11+75*x12+100*x13+120*x14+95*x15+90*x16<=1000;
x1+x2+x3+x4>=2;
x5+x6+x7<=1;
x8+x9+x10<=2;
x11+x12>=1;
x13+x14+x15+x16>=3;
@bin(x1);
@bin(x2);
@bin(x3);
@bin(x4);
@bin(x5);
@bin(x6);
@bin(x7);
@bin(x8);
@bin(x9);
@bin(x10);
@bin(x11);
@bin(x12);
@bin(x13);
@bin(x14);
@bin(x15);
@bin(x16);
```

通过 Lingo 求解，可以得到：

在投资额不超过 1000 万元的资金限制下，应当在 B_1，B_2，B_4，B_7，B_8，B_9，B_{12}，B_{14}，B_{15}，B_{16} 地点设立储蓄所，可获得最大年利润．最大年利润为 390 万元．

例 3.2.3 用 Lingo 软件求解例 3.1.3.

解 编写 Lingo 程序如下：

```
model:
! 4 人 4 工作的分配问题
sets:
persons/per1,per2,per3,per4/:capacity;
```

```
works/A,B,C,D/:demand;
links(persons,works):time,assignment;
endsets
```
！目标函数
```
min=@sum(links:time*assignment);
```
！关于工作的约束
```
@for(works(J):
 @sum(persons(I):assignment(I,J))=demand(J));
```
！关于人的约束
```
@for(persons(I):
 @sum(works(J):assignment(I,J))=capacity(I));
```
！数据
```
data:
capacity=1 1 1 1;
demand=1 1 1 1;
time=32 40 28 42
     46 43 30 52
     38 58 35 41
     31 56 27 49;
enddata
end
```
通过 Lingo 求解，可以得到：

最优方案为甲做 B、乙做 C、丙做 D、丁做 A，所需的总时间为 142 小时.

例 3.2.4 用 Lingo 软件求解例 3.1.4.

解 编写 Lingo 程序如下：
```
max=12*x1+13*x2+10*x3;
x1-10000*y1<=0;
x2-10000*y2<=0;
x3-10000*y3<=0;
y1+y2+y3<=2;
x1<=8;
x2<=6;
x3<=7;
2*x1+3*x2+5*x3-10000*y4<=18;
4*x1+2*x2+6*x3+10000*y4<=10020;
@gin(x1);
@gin(x2);
@gin(x3);
@bin(y1);
@bin(y2);
@bin(y3);
@bin(y4);
```

计算结果如下：

```
Global optimal solution found.
Objective value:                          102.0000
Objective bound:                          102.0000
Infeasibilities:                          0.000000
Extended solver steps:                    0
Total solver iterations:                  53
Elapsed runtime seconds:                  0.23
Model Class:                              PILP
Total variables:                          7
Nonlinear variables:                      0
Integer variables:                        7
Total constraints:                        10
Nonlinear constraints:                    0
Total nonzeros:                           23
Nonlinear nonzeros:                       0
Variable          Value              Reduced Cost
X1                2.000000           -12.00000
X2                6.000000           -13.00000
X3                0.000000           -10.00000
Y1                1.000000           0.000000
Y2                1.000000           0.000000
Y3                0.000000           0.000000
Y4                1.000000           0.000000
```

从而得到下述决策方案：

由工厂 2 生产新产品，其中，产品 1 生产 2 个，产品 2 生产 6 个，产品 3 不生产，可获最大利润为 102 百元.

3.3　整数规划的应用

在现实生活的许多领域中都有整数规划模型，这里仅介绍其中的几个典型问题，以便读者初步了解整数规划模型的重要性.

3.3.1　下料问题

例 3.3.1　制造某种机床，每台用长为 2.9 米、2.1 米和 1.5 米的轴件各一根. 已知 3 种轴件都要用长 7.4 米的圆钢下料. 若计划生产 100 台机床，最少要用多少根圆钢？

解　对于下料问题，首先要确定采用哪些下料方式. 所谓下料方式，就是指按照要求的长度在圆钢上安排下料的一种组合. 例如，可以在每一根圆钢上截取

2.9 米、2.1 米和 1.5 米的轴件各一根，每根圆钢剩下余料 0.9 米. 显然，可行的下料方式是很多的.

其次，应当明确哪些下料方式是合理的. 合理的下料方式通常要求余料不应大于或等于轴件的最小尺寸. 为此，只需找出所有合理的下料方式，见表 3-5.

表 3-5

轴件/米	一根圆钢所截各类轴件数/件								需求量/件
	1	2	3	4	5	6	7	8	
2.9	2	1	1	1	0	0	0	0	100
2.1	0	2	1	0	3	2	1	0	100
1.5	1	0	1	3	0	2	3	4	100
余料/米	0.1	0.3	0.9	0	1.1	0.2	0.8	1.4	

现在问题归结为：采用上面 8 种下料方式各截多少根圆钢，才能配成 100 套轴件，且使圆钢的总下料根数最少？

设 x_j 为按第 j 种截法下料的圆钢的数量，由此，可得该问题的数学模型如下：

$$\min \ z = x_1 + x_2 + x_3 + x_4 + x_5 + x_6 + x_7 + x_8$$

$$\text{s.t.} \begin{cases} 2x_1 + x_2 + x_3 + x_4 \geqslant 100 \\ 2x_2 + x_3 + 3x_5 + 2x_6 + x_7 \geqslant 100 \\ x_1 + x_3 + 3x_4 + 2x_6 + 3x_7 + 4x_8 \geqslant 100 \\ x_j \geqslant 0 \\ x_j \text{ 为整数 } (j = 1, 2, \cdots, 8) \end{cases}$$

编写 Lingo 程序如下：

```
min=x1+x2+x3+x4+x5+x6+x7+x8;
2*x1+x2+x3+x4>=100;
2*x2+x3+3*x5+2*x6+x7>=100;
x1+x3+3*x4+2*x6+3*x7+4*x8>=100;
@gin(x1);
@gin(x2);
@gin(x3);
@gin(x4);
@gin(x5);
@gin(x6);
@gin(x7);
@gin(x8);
```

应用 Lingo 软件进行求解，得出最优下料方式为：按第一种截法下料 40 根，按第二种截法下料 20 根，按第六种截法下料 30 根，可使圆钢的总下料根数最少．此时，圆钢总下料根数为 90 根．

3.3.2 选址问题

例 3.3.2 某县教育局为了方便学生入学，计划在邻近的四个村庄中的两个各设立一所小学．各村庄内以及各村庄间的平均步行时间（分钟）及各村庄的学生人数见表 3-6．该县教育局希望：两所小学的招生人数相同，学生总的步行时间最短．问两所小学应分别建于哪两个村庄，以及各村庄的学生应分配到哪所小学上学才能符合教育局的要求．

表 3-6

村庄	村庄				学生人数/人
	1	2	3	4	
	各村庄间的平均步行时间/分钟				
1	4	15	20	25	200
2	15	6	12	10	150
3	20	12	5	18	300
4	25	10	18	5	250

解 设 y_{ij} 为第 i 个村庄的学生去第 j 个村庄上学的人数，若第 j 个村庄建立小学，令 $x_j = 1$；否则，令 $x_j = 0$，$i, j = 1, 2, 3, 4$．则该问题的数学模型为

$$\min z = 4y_{11} + 15y_{12} + 20y_{13} + 25y_{14} + 15y_{21} + 6y_{22} + 12y_{23} + 10y_{24} +$$
$$20y_{31} + 12y_{32} + 5y_{33} + 18y_{34} + 25y_{41} + 10y_{42} + 18y_{43} + 5y_{44}$$

$$\text{s.t.} \begin{cases} x_1 + x_2 + x_3 + x_4 = 2 \\ y_{11} + y_{12} + y_{13} + y_{14} = 200 \\ y_{21} + y_{22} + y_{23} + y_{24} = 150 \\ y_{31} + y_{32} + y_{33} + y_{34} = 300 \\ y_{41} + y_{42} + y_{43} + y_{44} = 250 \\ y_{11} + y_{21} + y_{31} + y_{41} = 450x_1 \\ y_{12} + y_{22} + y_{32} + y_{42} = 450x_2 \\ y_{13} + y_{23} + y_{33} + y_{43} = 450x_3 \\ y_{14} + y_{24} + y_{34} + y_{44} = 450x_4 \\ x_j = 0 \text{ 或 } 1 \qquad (j = 1, 2, 3, 4) \\ y_{ij} \geqslant 0 \text{ 且取整数} (i, j = 1, 2, 3, 4) \end{cases}$$

编写 Lingo 程序如下：

```
sets:
village/1..4/:stunum,x;
links(village,village):t,y;
endsets
data:
stunum=200,150,300,250;
t=4 15 20 25
15 6 12 10
20 12 5 18
25 10 18 5;
enddata
min=@sum(links:t*y);
@sum(village:x)=2;
@for(village(i):
@sum(village(j):y(i,j))=stunum(i));
@for(village(j):
@sum(village(i):y(i,j))=450*x(j));
@for(links:@gin(y));@for(village:@bin(x));
```

计算结果如下：

```
Global optimal solution found.
Objective value:                    8500.000
Model Class:                        PILP
```

Variable	Value	Reduced Cost
STUNUM(1)	200.0000	0.000000
STUNUM(2)	150.0000	0.000000
STUNUM(3)	300.0000	0.000000
STUNUM(4)	250.0000	0.000000
X(1)	0.000000	0.000000
X(2)	0.000000	0.000000
X(3)	1.000000	0.000000
X(4)	1.000000	0.000000
T(1,1)	4.000000	0.000000
T(1,2)	15.00000	0.000000
T(1,3)	20.00000	0.000000
T(1,4)	25.00000	0.000000
T(2,1)	15.00000	0.000000
T(2,2)	6.000000	0.000000
T(2,3)	12.00000	0.000000
T(2,4)	10.00000	0.000000
T(3,1)	20.00000	0.000000
T(3,2)	12.00000	0.000000

T(3,3)	5.000000	0.000000
T(3,4)	18.00000	0.000000
T(4,1)	25.00000	0.000000
T(4,2)	10.00000	0.000000
T(4,3)	18.00000	0.000000
T(4,4)	5.000000	0.000000
Y(1,1)	0.000000	4.000000
Y(1,2)	0.000000	15.00000
Y(1,3)	150.0000	20.00000
Y(1,4)	50.00000	25.00000
Y(2,1)	0.000000	15.00000
Y(2,2)	0.000000	6.000000
Y(2,3)	0.000000	12.00000
Y(2,4)	150.0000	10.00000
Y(3,1)	0.000000	20.00000
Y(3,2)	0.000000	12.00000
Y(3,3)	300.0000	5.000000
Y(3,4)	0.000000	18.00000
Y(4,1)	0.000000	25.00000
Y(4,2)	0.000000	10.00000
Y(4,3)	0.000000	18.00000
Y(4,4)	250.0000	5.000000

从而得到下述方案：在第三村庄和第四村庄建立小学，第一村庄中的 150 名学生和第三村庄的全部学生到第三个村庄的小学上学，第一村庄中的 50 名学生和第二村庄、第四村庄的全部学生到第四村庄的小学上学，总的上学步行时间为 8500 分钟.

3.3.3　连续投资问题

例 3.3.3　某公司在今后 5 年内考虑给下列项目投资，已知条件如下：

项目 1：从第一年到第四年每年年初需要投资，并于次年末回收本利 115%，但要求第一年要么不投资，要么投资金额在 4 万元以上，第二年、第三年、第四年不限.

项目 2：第三年年初需要投资，到第五年年末能回收本利 125%，但规定要么不投资，要么投资金额在 3 万元以上，最高金额为 5 万元.

项目 3：第二年年初需要投资，到第五年年末能回收本利 140%，但规定要么不投资，要么其投资金额为 2 万元.

项目 4：5 年内每年年初可购买公债，于当年年末归还，并加利息 8%，此项投资金额不限.

该部门现有资金 20 万元. 问：应如何给这些项目投资，使到第五年年末拥有的资金本利总额最大？

解   设 x_{ij} 为第 i 个项目第 j 年初的投资金额，$i=1,2,3,4$；$j=1,2,3,4,5$；z 为该部门第五年年末的资金本利总额. 若第一年投资项目 1，令 $y_1=1$，否则，令 $y_1=0$；若第三年投资项目 2，令 $y_2=1$，否则，令 $y_2=0$；若第二年投资项目 3，令 $y_3=1$，否则，令 $y_3=0$.

从而，可建立该问题的数学模型如下：

$$\max \ z=1.15x_{14}+1.25x_{23}+1.4x_{32}+1.08x_{45}$$

$$\text{s.t.}\begin{cases} x_{11}+x_{41}=20 \\ x_{12}+x_{32}-1.08x_{41}+x_{42}=0 \\ -1.15x_{11}+x_{13}+x_{23}-1.08x_{42}+x_{43}=0 \\ -1.15x_{12}+x_{14}-1.08x_{43}+x_{44}=0 \\ -1.15x_{13}-1.08x_{44}+x_{45}=0 \\ x_{11}-4y_1 \geqslant 0 \\ x_{11}-20y_1 \leqslant 0 \\ x_{23}-5y_2 \leqslant 0 \\ x_{23}-3y_2 \geqslant 0 \\ x_{32}-2y_3=0 \\ x_{ij} \geqslant 0 \quad (i,j=1,2,3,4) \\ y_k=0,1 \quad (k=1,2,3) \end{cases}$$

显然，该问题为混合整数规划问题. 编写 Lingo 程序如下：

```
max=1.15*x14+1.25*x23+1.4*x32+1.08*x45;
x11+x41=20;
x12+x32-1.08*x41+x42=0;
-1.15*x11+x13+x23-1.08*x42+x43=0;
-1.15*x12+x14-1.08*x43+x44=0;
-1.15*x13-1.08*x44+x45=0;
x11-4*y1>=0;
x11-20*y1<=0;
x23-5*y2<=0;
x23-3*y2>=0;
x32-2*y3=0;
@bin(y1);
@bin(y2);
@bin(y3);
```

通过 Lingo 求解，可得最优投资方案为：

第一年年初将所有资金 20 万元全部用来投资第四个项目，年底收到本利共 21.6 万元.

第二年年初将 2 万元资金投入第三个项目，剩余 19.6 万元用于投资第四个项目，年底收到本利共 21.168 万元.

第三年年初将所有资金 21.168 万元投资第四个项目，年底得本利共 22.86144 万元.

第四年年初将所有资金 22.86144 万元投资第四个项目，年底得本利共 24.69036 万元.

第五年年初将所有资金 24.69036 万元投资第四个项目，到年底时得到的本利加上第三个项目投资所得共计 29.46558 万元.

3.3.4 区域覆盖问题

例 3.3.4 某市正在进行一项救护车地点规划的研究. 将该市分为 13 个救护车服务区，用数字 1～13 表示，如图 3-1 所示. 每个可能建立救护车站的地点是从很多选项中选出的，目的是使得该区域内的人口可以尽可能多地享受到呼叫救护车后的迅速应答，在图 3-1 中用圆圈 1～8 表示. 每个救护车站可以服务所有相邻的区域，例如，救护车站 2 可以服务区域 1、2、6 和 7，救护车站 1 可以服务区域 2、3，等等. 问：应选择哪些地点建立救护车站，在每个区域至少有一个救护车站可以到达的前提下，所建立的救护车站数量最少？

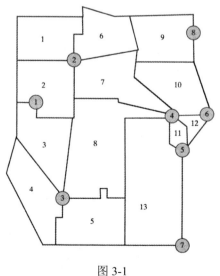

图 3-1

解 设决策变量为

$$x_j = \begin{cases} 1, & \text{如果地点 } j \text{ 建立救护车站} \\ 0, & \text{如果地点 } j \text{ 不建立救护车站} \end{cases}$$

问题的约束是每个服务区域至少有一个救护车站可以到达，目标是所建立的救护车站数量最少。设 z 为所建立的救护车站数量，建立数学模型如下：

$$\min z = \sum_{j=1}^{8} x_j$$

$$\text{s.t.} \begin{cases} x_2 \geq 1 \text{（服务区域1）} \\ x_1 + x_2 \geq 1 \text{（服务区域2）} \\ x_1 + x_3 \geq 1 \text{（服务区域3）} \\ x_3 \geq 1 \text{（服务区域4）} \\ x_3 \geq 1 \text{（服务区域5）} \\ x_2 \geq 1 \text{（服务区域6）} \\ x_2 + x_4 \geq 1 \text{（服务区域7）} \\ x_3 + x_4 \geq 1 \text{（服务区域8）} \\ x_8 \geq 1 \text{（服务区域9）} \\ x_4 + x_6 \geq 1 \text{（服务区域10）} \\ x_4 + x_5 \geq 1 \text{（服务区域11）} \\ x_4 + x_5 + x_6 \geq 1 \text{（服务区域12）} \\ x_4 + x_5 + x_7 \geq 1 \text{（服务区域13）} \\ x_1, \cdots, x_8 = 0\text{或}1 \end{cases}$$

编写 Lingo 程序如下：

```
min=x1+x2+x3+x4+x5+x6+x7+x8;
x2>=1;
x1+x2>=1;
x1+x3>=1;
x3>=1;
x2+x4>=1;
x3+x4>=1;
x8>=1;
x6+x4>=1;
x5+x4>=1;
x5+x4+x6>=1;
x5+x4+x7>=1;
@bin(x1);
@bin(x2);
```

```
@bin(x3);
@bin(x4);
@bin(x5);
@bin(x6);
@bin(x7);
@bin(x8);
```

应用 Lingo 软件进行求解，得到最优方案为：在区域 2、3、4、8 建救护车站，其他地点不建.

习　题　3

1. 某公司计划在市区的东、西、南、北四区建立销售门市部，拟议中有 10 个位置 A_i（$i = 1,2,\ldots,10$）可供选择，考虑到各地区居民的消费水平及居民居住密度，规定：

东区在 A_1、A_2、A_3 三个点中至多选择两个.

西区在 A_4、A_5 两个点中至少选一个.

南区在 A_6、A_7 两个点中至少选一个.

北区在 A_8、A_9、A_{10} 三个点中至多选择两个.

A_i 各点的设备投资及每年可获利润由于地点不同都是不一样的，预测情况见表 3-7.

表 3-7　　　　　　　　　　　　　　　　　单位：万元

项目	A_1	A_2	A_3	A_4	A_5	A_6	A_7	A_8	A_9	A_{10}
投资额	50	60	75	40	35	45	40	70	80	90
利润	18	20	25	11	10	15	12	24	29	30

要求投资总额不能超过 360 万元，问应选择哪几个位置建销售部，可使年利润最大？

2. 某投资公司有 6 个项目被列入投资计划，各项目的投资额和期望的投资收益见表 3-8.

表 3-8　　　　　　　　　　　　　　　　　单位：万元

项目	投资额	收益	项目	投资额	收益
1	200	160	4	150	90
2	300	220	5	250	170
3	100	65	6	350	260

该公司现有可用资金共 1000 万元，由于技术原因，投资受以下限制：

（1）在项目 1、项目 2 和项目 3 中至少有一项被选中．

（2）项目 3、项目 4 和项目 5 只能选中一项．

（3）项目 6 被选中的前提是项目 1 必须被选中．

如何在上述条件下，选择一个最好的投资方案，使收益最大？

3. 设有 n 个投资项目，其中第 j 个项目需要资金 a_j 万元，将来可获利润 c_j 万元．若现有资金总额为 b 万元，则应选择哪些投资项目，才能获利最大？

4. 甲、乙、丙、丁四人加工 A、B、C、D 四种工件所需时间（分钟）见表 3-9．应指派何人加工何种工件，能使总的加工时间最少？

表 3-9

工人	工件			
	A	B	C	D
	工人加工工件所需时间/分钟			
甲	14	9	4	15
乙	11	7	9	10
丙	13	2	10	5
丁	17	9	15	13

5. 分配甲、乙、丙、丁四个人去完成五项工作．每人完成各项工作的时间（分钟）见表 3-10．由于工作数多于人数，因而其中一个人可完成两项工作，其余三个人每人完成一项．

（1）试确定总花费时间最少的指派方案．

（2）若表中数字表示完成工作所创造的利润（元），指派方案会有变化吗？

（3）在问题（2）的前提下，如果将表中数字都乘以 10，然后求解，问最优解有无变化？

表 3-10

人员	工作				
	A	B	C	D	E
	每人完成各项工作的时间/分钟				
甲	20	25	30	41	35
乙	36	37	24	18	32
丙	33	26	29	42	30
丁	22	43	35	22	46

6. 有 5 个工人甲、乙、丙、丁、戊，要从中挑选 4 人去完成四项不同的任务，每人完成各项任务的时间（分钟）见表 3-11. 现规定每项任务只能由一个人单独完成，每个人最多承担一项任务，又假定甲不能承担第三项任务，丁不能承担第四项任务. 问在满足上述条件下，如何分配任务使完成四项任务总的花费时间最少？

表 3-11

工人	任务			
	I	II	III	IV
	每人完成各项任务的时间/分钟			
甲	8	4	—	20
乙	3	9	5	12
丙	6	13	11	18
丁	10	2	8	—
戊	9	7	17	15

7. 试引入 0-1 变量将下列各题分别表示为一般线性约束条件.

（1）$x_1 + x_2 \leqslant 16$ 或 $2x_1 + 3x_2 \geqslant 5$ 或 $x_1 + 2x_2 \leqslant 10$.

（2）若 $x_1 \leqslant 15$，则 $x_2 \geqslant 10$，否则 $x_2 \leqslant 6$.

8. 某人有一背包可以装 20 千克、0.05 立方米的物品. 他准备用来装甲、乙两种物品，每件物品的质量、体积和价值见表 3-12. 问两种物品各装多少件，能使得所装物品的总价值最大？

表 3-12

物品	规格		
	质量/（千克/件）	体积/（立方米/件）	价值/（元/件）
甲	2.4	0.004	8
乙	1.6	0.005	6

9. 在上个问题中，假如此人还有一只旅行箱，最大载重量为 24 千克，其体积为 0.04 立方米. 又背包和旅行箱二者只能选择其一. 试针对下述情形，分别建立数学模型，使所装物品价值最大：

（1）所装物品不变.

（2）若选择旅行箱，则只能装载丙和丁两种物品，价值分别是 8 元/件和 6

元/件，载重量和体积的约束为

$$3.6x_1 + 1.2x_2 \leqslant 24 , \quad 3x_1 + 2x_2 \leqslant 40$$

10．企业计划生产 5000 件某种产品，该产品能以自己加工、外协加工中任意一种形式生产．已知每种生产形式的固定成本、生产该产品的变动成本以及每种生产形式的最大加工数量见表 3-13．问：怎样安排产品的加工使总成本最小？

表 3-13

生产形式	固定成本/元	变动成本/（元/件）	最大加工数量/件
本企业加工	600	7	2000
外协加工 1	900	6	2500
外协加工 2	700	9	不限

11．制造某种机床需要 A、B 两种轴件，其规格、需要量见表 3-14．各种轴件都用长 10 米的圆钢来截毛坯．如果制造 100 台机床，问最少要用多少根圆钢？

表 3-14

轴件	规格/米	每台机床所需轴件数量/件
A	3	2
B	4	3

12．某钢筋车间要用一批长度为 5.5 米的钢筋下料，制作长度为 3.1 米的钢筋 60 根、2.1 米的钢筋 90 根和 1.2 米的钢筋 100 根．问怎样下料最省？

13．某种商品有 n 个销地，各销地的需求量分别为 a_j（$j = 1, 2, \cdots, n$）吨/天．现拟在 m 个地点中选址建厂，来生产这种商品以满足供应，且规定一地最多只能建一个工厂．若选 i 地建厂，将来生产能力为 b_i 吨/天，固定费用为 d_i（$i = 1, 2, \cdots, m$）元/天．已知 i 地至销地 j 的运价为 c_{ij} 元/吨．问：应如何选择厂址和安排调运，使总费用最少？

14．某厂拟用 M 元资金购买 m 种设备 $A_1, A_2, \cdots, A_m$，其中设备 A_i 单价为 p_i（$i = 1, 2, \cdots, m$）．现有 n 个地点 $B_1, B_1, \cdots, B_n$ 可装置这些设备，其中 B_j 处最多可装置 b_j 台（$j = 1, 2, \cdots, n$）．预计将一台设备 A_i 装置于 B_j 处可获纯利 c_{ij} 元，则应如何购置这些设备，才能使预计总利润最大？

15．某容器公司制造小、中、大三种尺寸的金属容器，所用资源为金属板、劳动力和机器设备，制造一个容器所需各种资源的数量见表 3-15．

表 3-15

资源	容器		
	小号	中号	大号
	制造一件容器所需各种资源的数量		
金属板/吨	2	5	9
劳动力/（人/月）	2	3	5
机器设备/（台/月）	1	2	4

不考虑固定费用，每种容器售出一只所得的利润分别为 5 万元、6 万元、7 万元，可使用的金属板为 600 吨，劳动力为 360 人/月，机器设备为 160 台/月，此外，不管每种容器制造的数量是多少，都要支付一笔固定费用：小号为 100 万元，中号为 130 万元，大号为 180 万元．问：如何制订生产计划，使获得的利润最大？

16．为了提高校园的安全性，某大学的安保部门决定在校园内的几个地点安装紧急报警电话．图 3-2 给出了校园的主要街道图（街道 A 到街道 K）以及 8 个可能安装报警电话的地点．请问应选择哪几个地点安装报警电话，可以在校园的每条主要街道上至少有一部电话的前提下使安装电话的数量最少？

图 3-2

案　　例

案例 1　工厂选址问题

某企业在 A_1 地已有一个工厂，其产品的生产能力为 35 千箱，为了扩大生产，打算在 A_2、A_3、A_4、A_5 地中再选择几个地方建厂．已知在 A_2 地建厂的固定成本为 180 千元，在 A_3 地建厂的固定成本为 300 千元，在 A_4 地建厂的固定成本为 360 千元，在 A_5 地建厂的固定成本为 500 千元，另外，A_1 的产量，A_2、A_3、A_4、A_5 建成厂后的产量，销地的销量以及产地到销地的单位运价（每千箱运费）见表 3-16．

（1）问应该在哪几个地方建厂，在满足销量的前提下，使得总的固定成本和总的运输费用之和最小．

（2）如果由于政策要求必须在 A_2、A_3 地建一个厂，应在哪几个地方建厂？

表 3-16

产地	销地			产量/千箱
	B_1	B_2	B_3	
	各产地到各销地的单位运价/（千元/千箱）			
A_1	8	3	3	35
A_2	6	2	5	15
A_3	5	4	7	25
A_4	9	8	6	35
A_5	12	5	2	40
销量/千箱	35	25	25	

案例 2　预算分配问题

某大型企业要在未来 25 年，以 5 年为一个阶段对一些互相竞争的任务分配预算．表 3-17 列出了 14 项任务的预算要求、价值、任务之间的互斥关系与依赖关系．请根据表 3-17 的数据，为 14 项任务分配预算，使该企业获得的价值最大．

表 3-17　　　　　　　　单位：十万元

任务	阶段					价值	互斥任务	依赖任务
	1	2	3	4	5			
	预算要求							
1. 通信卫星	6	—	—	—	—	200	—	—
2. 轨道微波	2	3	—	—	—	3	—	—
3. 木卫一登陆器	3	5	—	—	—	20	—	—
4. 2040 天王星轨道卫星	—	—	—	—	10	50	5	3

续表

| 任务 | 阶段 | | | | | 价值 | 互斥任务 | 依赖任务 |
| | 1 | 2 | 3 | 4 | 5 | | | |
	预算要求							
5. 2030 天王星轨道卫星	—	5	8	—	—	70	4	3
6. 水星探测器	—	—	1	8	4	20	—	3
7. 土星探测器	1	8	—	—	—	5	—	3
8. 红外成像	—	—	—	5	—	10	11	—
9. 陆基外星智能探测计划	4	5	—	—	—	200	14	—
10. 大型轨道结构	—	8	4	—	—	150	—	—
11. 彩色成像	—	—	5	7		—	18	8
12. 医疗技术	5	7	—	—	—	8	—	—
13. 极轨道平台	—	1	4	1	1	300	—	—
14. 对地同步的外形智能探测计划	—	4	5	3	3	185	9	—
预算约束	10	12	14	14	14			

第4章 目标规划

本章学习目标

- 理解目标规划的基本概念.
- 了解目标规划在多目标决策中的作用.
- 掌握目标规划的建模和基本求解方法.
- 掌握目标规划在经济管理中的应用.

4.1 目标规划问题及其数学模型

在经济建设和生产管理中，很多决策问题往往需要同时考虑多个目标的优化问题，即多目标决策问题. 此时，不能用求解单目标问题的方法来求解该类问题. 目标规划是解决多目标决策问题的方法，它把多目标决策问题转化为线性规划问题来求解，因此仍属于线性规划的范畴.

下面通过具体实例来介绍目标规划的有关概念、数学模型以及目标规划与线性规划的区别.

例 4.1.1 某汽车生产厂每 5 小时可生产一辆 A 型号汽车，每 2.5 小时可生产一辆 B 型号汽车. 该厂每生产一辆 A、B 型号的汽车所需要的原材料都是 2 吨，每年原材料的供应量为 1600 吨，全年的有效工时为 2500 小时，供应给 A 型号汽车用的轮胎每年可装配 400 辆. 根据调查，生产每辆 A、B 型号汽车所获利润分别为 4000 元和 3000 元. 问：该厂应如何安排生产计划可使每年所获利润最大？

解：设 x_1、x_2 分别为该汽车厂每年 A、B 两种型号汽车的产量（辆），z 为总利润（元），则可建立该问题的数学模型如下：

$$\max z = 4000x_1 + 3000x_2$$

$$\text{s.t.} \begin{cases} 2x_1 + 2x_2 \leqslant 1600 \\ 5x_1 + 2.5x_2 \leqslant 2500 \\ x_1 \leqslant 400 \\ x_1 \geqslant 0, x_2 \geqslant 0 \end{cases}$$

求解上述模型，得到最优解为 $x_1 = 200$，$x_2 = 600$，最优值为 $z^* = 260$ 万元. 即每年分别生产 A、B 型号汽车 200 辆、600 辆，可获得最大利润 260 万元.

事实上，该厂在制订生产计划时往往还需要考虑一些其他条件，例如：

（1）希望达到或超过原计划利润指标 260 万元.

（2）根据调查，A 型号汽车的市场需求最多 300 辆.

（3）充分利用工厂的有效工时，尽量不加班.

（4）原材料的消耗量不超过库存量.

这样，在制订生产计划时，就需要重新调整生产方案，于是产生了一个多目标决策问题.

下面引入与建立目标规划模型有关的概念.

1. 正、负偏差变量 d^+、d^-

用正偏差变量 d^+ 表示决策值超过目标值的部分，负偏差变量 d^- 表示决策值未达到目标值的部分. 规定：若决策值超出目标值，则 $d^+ > 0$，$d^- = 0$；若决策值未达到目标值，则 $d^- > 0$，$d^+ = 0$；若决策值与目标值相等，则 $d^+ = d^- = 0$. 于是，可以得到 $d^+ \times d^- = 0$，即决策值不可能既超过目标值同时又未达到目标值.

2. 绝对约束和目标约束

绝对约束是指必须严格满足的等式和不等式约束，如线性规划问题中的所有约束条件都是绝对约束. 目标约束是目标规划特有的约束，它把右端常数项作为要追求的目标值，在达到此目标值时允许发生正或负偏差，因此在目标表达式左端加入正、负偏差变量构成等式约束. 目标约束是由决策变量，正、负偏差变量及目标值构成的软约束. 与目标约束不同，绝对约束是硬约束，并且可以根据问题的需要转化为目标约束.

3. 优先等级（优先因子）与权系数

在一个目标规划模型中，并不是每一个目标都处于均等的地位. 即，在要求达到这些目标时，一般有主次先后之分，此时用优先因子来区分目标的重要程度，排在第一位的目标赋予优先因子 P_1，第二位的目标赋予优先因子 P_2，…，设共有 k 个优先因子，则规定 $P_i \gg P_{i+1}, i = 1, 2, \cdots, k-1$. 也就是说，在求解过程中，首先要保证 P_1 级目标的实现，这时不需要考虑次级目标；而 P_2 级目标是在实现 P_1 级目标的基础上考虑的，以此类推. 在同一优先级别中，为区分不同目标的重要程度，可赋予它们不同的权系数. 权系数为数字，数字越大表明该目标越重要. 优先因子及权系数，均由决策者按具体情况来确定.

4. 目标规划的目标函数

目标规划的目标函数是由各目标约束的正、负偏差变量及其相应的优先因子、权系数构成的函数，决策者的要求是尽可能从某个方向缩小偏离目标的数值，使决策值尽可能达到目标值，因此目标函数应该是求极小：$\min f = f(d^+, d^-)$. 其基本形式有以下 3 种：

（1）要求恰好达到目标值，即正、负偏差变量尽可能地小，$\min z = f(d^+ + d^-)$.

（2）要求不超过目标值，即允许达不到目标值，但正偏差变量尽可能地小，即 $\min z = f(d^+)$.

（3）要求超过目标值，且超过量不限，但负偏差变量尽可能地小，即 $\min z = f(d^-)$.

对每一个具体的目标规划问题，可根据决策者的要求和赋予各目标的优先因子来构造目标函数.

例 4.1.2   在例 4.1.1 的基础上，并考虑上文提到的 4 个条件，重新确定决策方案.

解   针对例 4.1.1 的问题，由于受到市场销售、原材料价格等的影响，适当调整生产计划，但要尽量保证利润不减少. 依次考虑上面的 4 个条件：

（1）应尽可能达到或超过原计划利润指标 260 万元，即

$$4000x_1 + 3000x_2 + d_1^- - d_1^+ = 2600000$$

（2）A 型号汽车的产量不应超过 300 辆，即

$$x_1 + d_2^- - d_2^+ = 300$$

（3）充分利用工厂有效工时，不加班，即

$$5x_1 + 2.5x_2 + d_3^- - d_3^+ = 2500$$

（4）原材料的消耗量不超过库存量，即

$$2x_1 + 2x_2 + d_4^- - d_4^+ = 1600$$

根据目标之间的相对重要程度，分等级和权重，求出相对最优解.

按照决策者要求，对上述 4 个目标赋予优先因子，分别以 P_1、P_2、P_3、P_4 表示. 对于 P_1 级目标，负偏差变量尽可能地小，所以 $P_1 d_1^-$ 尽可能小；对于 P_2 级目标，要求不要超过，正偏差变量尽可能地小，所以 $P_2 d_2^+$ 尽可能小；对于 P_3 级目标，正、负偏差变量都要尽可能地小，所以 $P_3(d_3^+ + d_3^-)$ 尽可能小；对于 P_4 级目标，正偏差变量尽可能地小，所以 $P_4 d_4^+$ 尽可能小.

于是，可以得到下面的目标规划模型：

$$\min z = P_1 d_1^- + P_2 d_2^+ + P_3(d_3^+ + d_3^-) + P_4 d_4^+$$

$$\text{s.t.} \begin{cases} 4000x_1 + 3000x_2 + d_1^- - d_1^+ = 2600000 \\ x_1 + d_2^- - d_2^+ = 300 \\ 5x_1 + 2.5x_2 + d_3^- - d_3^+ = 2500 \\ 2x_1 + 2x_2 + d_4^- - d_4^+ = 1600 \\ x_1, x_2, d_i^-, d_i^+ \geqslant 0 \quad (i = 1,2,3,4) \end{cases}$$

目标规划模型的一般形式为

$$\min z = \sum_{l=1}^{L} P_l \sum_{k=1}^{K} (\omega_{lk}^- d_k^- + \omega_{lk}^+ d_k^+)$$

$$\text{s.t.} \begin{cases} \sum_{j=1}^{n} c_{kj}x_j + d_k^- - d_k^+ = g_k & (k = 1,2,\cdots,K) \\ \sum_{j=1}^{n} a_{ij}x_j = (\leqslant, \geqslant) \ b_i & (i = 1,2,\cdots,m) \\ x_j \geqslant 0 & (j = 1,2,\cdots,n) \\ d_k^-, d_k^+ \geqslant 0 & (k = 1,2,\cdots,K) \end{cases}$$

其中，P_l（$l = 1,2,\cdots,L$）为优先因子，且 $P_l \gg P_{l+1}$（$l = 1,2,\cdots,L-1$）；ω_{lk}^-、ω_{lk}^+ 为权系数，数值根据实际问题来确定；c_{kj}（$k = 1,2,\cdots,K$；$j = 1,2,\cdots,n$）为各目标的相关参数值；g_k（$k = 1,2,\cdots,K$）为第 k 个目标的指标值；a_{ij}、b_i（$j = 1,2,\cdots,n$；$i = 1,2,\cdots,m$）为系统约束的相关系数，它们均为已知常数.

至此，建立目标规划模型的步骤可以归纳为：

（1）根据实际问题所要满足的条件与达到的目标，设出决策变量，列出目标约束和绝对约束.

（2）通过引入正、负偏差变量将某些或全部绝对约束转化为目标约束.

（3）根据目标的主次，给出各级目标的优先因子 P_l（$l = 1,2,\cdots,L$），对同一层次优先级的不同目标，按其重要程度赋予相应的权系数 ω_{lk}^+、ω_{lk}^-.

（4）确定各级的目标函数，然后构造一个由优先因子和权系数组成、要求最小化的总的目标函数.

4.2　目标规划问题的求解

目标规划问题，通常借助于序贯算法进行求解. 序贯算法，又称为动态求解算法，是一类较早的传统算法. 它的基本求解思路是根据优先级的先后次序，将目标规划问题分解成一系列的单目标规划问题，然后依次求解，最后求得问题的最优解（满意解）.

然而，序贯算法的求解过程比较繁琐，不利于初学者掌握. 本节介绍求解目标规划问题的另外一种方法，该方法的实质为单纯形法. 应用这种方法求解目标规划问题时，可以针对不同的优先级赋予不同的数值，优先级越高，赋予的数值越大，对于某些特殊问题，可适当加大各优先级级差.

下面通过具体实例，利用 Lingo 软件，来阐述这种方法的运用.

例 4.2.1　某机床厂生产甲、乙、丙三种机床，每生产一台甲、乙、丙机床需要的工时分别为 6 小时、9 小时、10 小时，根据历史销售经验，甲、乙、丙三种机床每月市场需求分别为 10 台、12 台、8 台，每销售一台的利润分别为 2.2 万元、3 万元、4 万元. 生产线每月的工作时间为 240 小时. 机床厂负责人在制订生产计划时，首先要保证利润不低于计划利润 78 万元；其次，根据市场调查，乙机床销量有下降的趋势，丙机床销量有上升的趋势，因而，乙机床的产量不应多于丙机床的产量；再次，由于市场变化，甲机床的原材料成本增加，使得利润下降，因而应适当降低其产量；最后，要充分利用原有的设备台时，尽量不要加班生产. 试为该厂制订合理的生产计划.

解　机床厂负责人在制订生产计划时要考虑下面 4 项目标，并按其重要程度排列如下：

第一个目标，达到或超过计划利润指标 78 万元，赋予优先因子 P_1.

第二个目标，乙机床的产量不应多于丙机床的产量，赋予优先因子 P_2.

第三个目标，甲机床的原材料成本增加，使得利润下降，应适当降低其产量，赋予优先因子 P_3.

第四个目标，应充分利用原有的设备台时，尽量不要加班生产，赋予优先因子 P_4.

下面通过建立目标规划模型来解决这个多目标决策问题.

（1）确定决策变量.

设：x_1 为甲机床的产量，x_2 为乙机床的产量，x_3 为丙机床的产量.

（2）确定目标约束.

1）销售利润的目标约束. 用 d_1^- 和 d_1^+ 分别表示销售利润不足和超过 78 万元的部分，根据机床厂的目标要求（达到或超过计划利润指标 78 万元），有

$$\min\ z_1 = d_1^-$$
$$\text{s.t.}\ \ 2.2x_1 + 3x_2 + 4x_3 + d_1^- - d_1^+ = 78$$

2）产量的目标约束．用 d_2^- 和 d_2^+ 分别表示乙机床的产量不足和超过丙机床产量的部分，根据机床厂的目标要求（乙机床的产量不多于丙机床的产量），有

$$\min\ z_2 = d_2^+$$

s.t. $x_2 - x_3 + d_2^- - d_2^+ = 0$

3）产量的另一目标约束．用 d_3^- 和 d_3^+ 分别表示甲机床的产量不足和超过 10 台的部分，根据机床厂的目标要求（适当降低甲机床的产量），有

$$\min\ z_3 = d_3^+$$

s.t. $x_1 + d_3^- - d_3^+ = 10$

4）加班时间的目标约束．用 d_4^- 和 d_4^+ 分别表示机床厂每月的工作时间不足和超过 240 设备台时的部分，根据机床厂的目标要求（充分利用原有的设备台时，尽量不要加班生产），有

$$\min\ z_4 = d_4^- + d_4^+$$

s.t. $6x_1 + 9x_2 + 10x_3 + d_4^- - d_4^+ = 240$

从而可得该问题的目标规划模型为

$$\min\ z = P_1 d_1^- + P_2 d_2^+ + P_3 d_3^+ + P_4(d_4^+ + d_4^-)$$

$$\text{s.t.} \begin{cases} x_1 \leqslant 10 \\ x_2 \leqslant 12 \\ x_3 \leqslant 8 \\ 2.2x_1 + 3x_2 + 4x_3 + d_1^- - d_1^+ = 78 \\ x_2 - x_3 + d_2^- - d_2^+ = 0 \\ x_1 + d_3^- - d_3^+ = 10 \\ 6x_1 + 9x_2 + 10x_3 + d_4^- - d_4^+ = 240 \\ x_1, x_2, x_3, d_i^-, d_i^+ \geqslant 0\ (i = 1,2,3,4) \end{cases}$$

下面应用 Lingo 软件来求解上述目标规划模型．

对应各个优先级，可分别设为 $p_1 = 10000$，$p_2 = 1000$，$p_3 = 100$，$p_4 = 1$，从而有：

```
min=10000*d1_+1000*d2+100*d3+d4_+d4;
x1<=10;
x2<=12;
x3<=8;
2.2*x1+3*x2+4*x3+d1_-d1=78;
x2-x3+d2_-d2=0;
x1+d3_-d3=10;
```

6*x1+9*x2+10*x3+d4_-d4=240;

结果如下：

Variable	Value	Reduced Cost
D1_	0.000000	9669.667
D2	0.000000	0.000000
D3	0.000000	100.0000
D4_	28.00000	0.000000
D4	0.000000	2.000000
X1	10.00000	0.000000
X2	8.000000	0.000000
X3	8.000000	0.000000
D1	0.000000	330.3333
D2_	0.000000	1000.000
D3_	0.000000	0.000000

由计算结果可以看出，问题的最优解（满意解）为甲机床生产 10 台，乙机床和丙机床均生产 8 台，获得利润 78 万元，有 28 个设备台时未利用.

4.3   目标规划的应用

目标规划是一种非常有用的多目标决策工具，它在线性规划的基础上发展而来，比线性规划灵活，应用也更广泛. 线性规划适用的范围，目标规划也都适用. 本节将通过几个实例，介绍目标规划在一些实际问题中的应用.

4.3.1   生产计划问题

例 4.3.1   某企业接到了订购 15000 件甲、乙两种产品的订货合同，合同中没有对这两种产品各自的数量作任何要求，但合同要求该企业在一周内完成生产任务并交货. 根据该企业的生产能力，一周内可以利用的生产时间为 21000 分钟，可利用的包装时间为 35000 分钟，生产一件甲、乙产品的时间分别为 2 分钟和 1 分钟，包装一件甲、乙产品的时间分别为 2 分钟和 3 分钟. 每件甲产品成本为 8 元，利润为 9 元，每件乙产品成本为 12 元，利润为 8 元. 企业负责人首先考虑必须要按合同完成订货任务，并且既不要有不足量，也不要有超过量；其次要求销售额尽量达到或接近 260000 元；最后考虑可以加班，但加班时间要尽量地少. 试为该企业制订合理的生产计划.

解   企业负责人确定下面三项要求作为企业的主要目标，并按其重要程度排列如下：

第一个目标，恰好生产和包装完成 15000 件甲、乙两种产品，赋予优先因子 p_1；

第二个目标，完成或尽量达到销售额 260000 元，赋予优先因子 p_2；

第三个目标，加班时间尽量地少，赋予优先因子 p_3.

下面用目标规划来解决这个多目标规划问题.

（1）确定决策变量.

设：x_1 为甲产品的产量，x_2 为乙产品的产量.

（2）确定目标约束.

1）产品产量的目标约束. 用 d_1^- 和 d_1^+ 分别表示甲、乙两种产品的总产量不足和超过 15000 件的部分，故有

$$\min z_1 = d_1^- + d_1^+$$

$$\text{s.t. } x_1 + x_2 + d_1^- - d_1^+ = 15000$$

2）销售额的目标约束. 用 d_2^- 和 d_2^+ 分别表示销售额不足和超过 260000 元的部分，根据企业的目标要求，有

$$\min z_2 = d_2^-$$

$$\text{s.t. } 17x_1 + 20x_2 + d_2^- - d_2^+ = 260000$$

3）加班时间的目标约束. 用 d_3^- 和 d_3^+ 分别表示生产时间不足和超过 21000 分钟的部分，用 d_4^- 和 d_4^+ 分别表示包装时间不足和超过 35000 分钟的部分，根据企业的目标要求（加班时间尽量地少），有

$$\min z_3 = d_3^+ + d_4^+$$

$$\text{s.t. } \begin{cases} 2x_1 + x_2 + d_3^- - d_3^+ = 21000 \\ 2x_1 + 3x_2 + d_4^- - d_4^+ = 35000 \end{cases}$$

于是，该问题的目标规划模型可以写为

$$\min z = P_1(d_1^- + d_1^+) + P_2 d_2^- + P_3(d_3^+ + d_4^+)$$

$$\text{s.t.} \begin{cases} x_1 + x_2 + d_1^- - d_1^+ = 15000 \\ 17x_1 + 20x_2 + d_2^- - d_2^+ = 260000 \\ 2x_1 + x_2 + d_3^- - d_3^+ = 21000 \\ 2x_1 + 3x_2 + d_4^- - d_4^+ = 35000 \\ x_1, x_2, d_i^-, d_i^+ \geqslant 0 \; (i = 1,2,3,4) \end{cases}$$

应用 Lingo 软件求解上述目标规划模型，得到结果见表 4-1（表中未列出的变量，均在满意方案时取值为 0）.

表 4-1

变量	含义	解
x_1	甲产品的产量/件	10000
x_2	乙产品的产量/件	5000
d_2^+	超过 260000 元的销售额/元	10000
d_3^+	需要增加的生产时间/分钟	4000

由计算结果可以看出，问题的最优解（满意解）为甲产品生产 10000 件，乙产品生产 5000 件，生产时间需要增加 4000 分钟，销售额为 270000 元．

4.3.2   图书销售问题

例 4.3.2   某书店现有 5 名全职销售员和 4 名兼职销售员，每名全职销售员和兼职销售员每月的工作时间分别为 150 小时和 70 小时．根据已有的销售记录，全职销售员平均每小时销售 12 本，平均工资 15 元/时，加班工资 24 元/时．兼职销售员平均每小时销售 6 本，平均工资 10 元/时，加班工资 18 元/时．已知每售出一本书的平均盈利为 5 元．

为提高下月销售额，书店经理提出几个要求：首先，图书的销售量不少于 12000 本，根据已有销售数据，销售员可能需要加班才能完成任务；其次，销售员如果加班过多，就会因为疲劳过度而使得工作效率下降，因此，书店要求，全职销售员每月加班不允许超过 100 小时；再次，经理想要保持稳定的就业水平并且加倍优先考虑全职销售员的就业；最后，为了减少销售成本，尽量减少销售员的加班时间，必须加班时依据对书店利润的贡献大小确定加班员工，即优先考虑对书店利润贡献大的销售员．试为该书店制订下一个月的工作计划．

解   根据题意，确定问题的目标和优先级：

第一个目标，图书的销售量不少于 12000 本，赋予优先因子 P_1．

第二个目标，全职销售员的加班时间不超过 100 小时，赋予优先因子 P_2．

第三个目标，保持所有销售员的充分就业，要加倍优先考虑全职销售员，赋予优先因子 P_3．

第四个目标，尽量减少销售员的加班时间，必要时对两类销售员有所区别，优先因子由他们对利润的贡献大小而定，赋予优先因子 P_4．

现在用目标规划来解决这个多目标决策问题．

（1）确定决策变量．

设：x_1 为所有全职销售员的工作时间，x_2 为所有兼职销售员的工作时间．

（2）确定目标约束.

1）图书销售量的目标约束. 用 d_1^- 和 d_1^+ 分别表示图书销售量达不到和超过销售目标 12000 本的部分，故有

$$\min \ z_1 = d_1^-$$
$$\text{s.t.} \ \ 12x_1 + 6x_2 + d_1^- - d_1^+ = 12000$$

2）所有全职销售员加班时间的目标约束. 用 d_2^- 和 d_2^+ 分别表示所有全职销售员加班时间不足和超过 100 小时的部分，根据问题要求，有

$$\min \ z_2 = d_2^+$$
$$\text{s.t.} \ \ x_1 + d_2^- - d_2^+ = 5 \times 150 + 100$$

3）正常工作时间的目标约束. 用 d_3^- 和 d_3^+ 分别表示所有全职销售员工作时间不足和超过 750 小时的部分，用 d_4^- 和 d_4^+ 分别表示所有兼职销售员工作时间不足和超过 280 小时的部分，有

$$\min \ z_3 = 2d_3^- + d_4^-$$
$$\text{s.t.} \begin{cases} x_1 + d_3^- - d_3^+ = 5 \times 150 \\ x_2 + d_4^- - d_4^+ = 4 \times 70 \end{cases}$$

4）所有全职销售员和兼职销售员加班时间的目标约束. 全职销售员加班 1 小时，书店获利 $12 \times 5 - 24 = 36$ 元；兼职销售员加班 1 小时，书店获利 $6 \times 5 - 18 = 12$ 元，即全职销售员加班 1 小时对书店的利润贡献是兼职销售员的 3 倍，因此，相应的加权系数之比为 $1:3$ ，于是

$$\min \ z_4 = d_3^+ + 3d_4^+$$
$$\text{s.t.} \begin{cases} x_1 + d_3^- - d_3^+ = 5 \times 150 \\ x_2 + d_4^- - d_4^+ = 4 \times 70 \end{cases}$$

可得该问题的目标规划模型为

$$\min \ z = P_1 d_1^- + P_2 d_2^+ + P_3(2d_3^- + d_4^-) + P_4(d_3^+ + 3d_4^+)$$
$$\text{s.t.} \begin{cases} 12x_1 + 6x_2 + d_1^- - d_1^+ = 12000 \\ x_1 + d_2^- - d_2^+ = 850 \\ x_1 + d_3^- - d_3^+ = 750 \\ x_2 + d_4^- - d_4^+ = 280 \\ x_1, x_2, d_i^-, d_i^+ \geqslant 0 \ (i = 1,2,3,4) \end{cases}$$

应用 Lingo 软件求解上述目标规划模型，得到结果见表 4-2（表中未列出的变量，均在满意方案时取值为 0）.

表 4-2   单位：小时

变量	含义	解
x_1	全职销售员的工作时间	850
x_2	兼职销售员的工作时间	300
d_3^+	全职销售员的加班时间	100
d_4^+	兼职销售员的加班时间	20

根据计算结果，全职销售员工作 850 小时（加班 100 小时），兼职销售员工作 300 小时（加班 20 小时），即可完成 12000 本图书的销售任务.

4.3.3 升级调资问题

例 4.3.3 某事业单位负责人在考虑本单位职工的升级调资方案时，依次遵守以下优先级顺序规定：

（1）不超过年工资总额 6000 万元.

（2）升级时，每级的人数不超过定编规定的人数.

（3）Ⅱ、Ⅲ级的升级面尽可能达到现有人数的 20%，且无越级提升.

此外，Ⅲ级不足的人数可录用新职工，且 Ⅰ 级职工中有 10% 要退休.

有关资料见表 4-3，问该负责人应如何拟定一个满意的调资方案.

表 4-3

等级	工资额/（万元/年）	现有人数/人	编制人数/人
Ⅰ	20	100	120
Ⅱ	15	120	150
Ⅲ	10	160	160
合计	45	380	430

解 设 x_j $(j=1,2,3)$ 分别表示提升到 Ⅰ 、Ⅱ级和录用到Ⅲ级的新职工人数.对各目标确定的优先因子为：

P_1：不超过年工资总额 6000 万元.

P_2：每级的人数不超过定编规定的人数.

P_3：Ⅱ、Ⅲ级的升级面尽可能达到现有人数的 20%.

下面分别建立各目标约束.

年工资总额不超过 6000 万元：

$$20(100 - 100 \times 0.1 + x_1) + 15(120 - x_1 + x_2) + 10(160 - x_2 + x_3) + d_1^- - d_1^+ = 6000$$

每级的人数不超过定编规定的人数：

对第 I 级有：$100(1 - 10\%) + x_1 + d_2^- - d_2^+ = 120$

对第 II 级有：$120 - x_1 + x_2 + d_3^- - d_3^+ = 150$

对第 III 级有：$160 - x_2 + x_3 + d_4^- - d_4^+ = 160$

II、III 级的升级面尽可能达到现有人数的 20%：

对第 II 级有：$x_1 + d_5^- - d_5^+ = 120 \times 0.2$

对第 III 级有：$x_2 + d_6^- - d_6^+ = 160 \times 0.2$

目标函数为：$\min \ z = P_1 d_1^+ + P_2(d_2^+ + d_3^+ + d_4^+ \ + P_3(d_5^- + d_6^-)$ 　　　　　　　)

经过整理后得到下列目标规划：

$$\min \ z = P_1 d_1^+ + P_2(d_2^+ + d_3^+ + d_4^+) + P_3(d_5^- + d_6^-)$$

$$\text{s.t.} \begin{cases} 5x_1 + 5x_2 + 10x_3 + d_1^- - d_1^+ = 800 \\ x_1 + d_2^- - d_2^+ = 30 \\ -x_1 + x_2 + d_3^- - d_3^+ = 30 \\ - x_2 + x_3 + d_4^- - d_4^+ = 0 \\ x_1 + d_5^- - d_5^+ = 24 \\ x_2 + d_6^- - d_6^+ = 32 \\ d_i^-, d_i^+, x_j \geqslant 0 \ (i = 1,2,3,4,5,6;\ j = 1,2,3) \end{cases}$$

应用 Lingo 软件求解该目标规划模型，得到结果见表 4-4（表中未列出的变量，均在满意方案时取值为 0）.

表 4-4

变量	含义	解
x_1	晋升到 I 级的人数/人	24
x_2	晋升到 II 级的人数/人	54
x_3	晋升到 III 级的人数/人	0
d_1^-	工资总额的结余/万元	410
d_2^-	I 级缺编人数/人	6
d_3^-	II 级缺编人数/人	0
d_4^-	III 级缺编人数/人	54

4.3.4 运输问题

例 4.3.4 已知某种物资有 3 个产地、4 个销地，产、销地之间的产量、销量和单位运价（元/吨）见表 4-5. 有关部门在研究调运方案时依次考虑以下 7 项目标，并规定其相应的优先等级：

P_1：B_4 是重点保证单位，必须全部满足其需要.

P_2：A_3 向 B_1 提供的产量不少于 100 吨.

P_3：每个销地的供应量不少于其需要量的 80%.

P_4：所定调运方案的总运费不超过最小运费调运方案中总运费的 10%.

P_5：因路段较差，尽量避免安排将 A_2 的产品运往 B_4.

P_6：B_1 和 B_3 的供应率要相同.

P_7：力求总运费最省.

试确定满意的调运方案.

表 4-5

产地	销地				产量/吨
	B_1	B_2	B_3	B_4	
	各产地到各销地的单位运价/（元/吨）				
A_1	5	2	6	7	300
A_2	3	5	4	6	200
A_3	4	5	2	3	400
销量/吨	200	100	450	250	

解 不考虑上述 7 个目标，可求得最小运费调运方案见表 4-6.

表 4-6

产地	销地				产量/吨
	B_1	B_2	B_3	B_4	
	最小运费方案调运量/吨				
A_1		100	200		300
A_2	200				200
A_3			250	150	400
销量/吨	200	100	450	250	

此时，最小运费为 2950 元.

下面，考虑各项目标，建立该问题的目标规划模型.

设 x_{ij} 为从 A_i 运往 B_j 的该种物资的数量（吨），$i=1,2,3$，$j=1,2,3,4$，则有

$$\min z = P_1 d_4^- + P_2 d_5^- + P_3(d_6^- + d_7^- + d_8^- + d_9^-) + P_4 d_{10}^+ + P_5 d_{11}^+ + P_6(d_{12}^- + d_{12}^+) + P_7 d_{13}^+$$

$$\text{s.t.}\begin{cases}
x_{11} + x_{12} + x_{13} + x_{14} \leqslant 300 \\
x_{21} + x_{22} + x_{23} + x_{24} \leqslant 200 \\
x_{31} + x_{32} + x_{33} + x_{34} \leqslant 400 \\
x_{11} + x_{21} + x_{31} + d_1^- - d_1^+ = 200 \\
x_{12} + x_{22} + x_{32} + d_2^- - d_2^+ = 100 \\
x_{13} + x_{23} + x_{33} + d_3^- - d_3^+ = 450 \\
x_{14} + x_{24} + x_{34} + d_4^- - d_4^+ = 250 \\
x_{31} + d_5^- - d_5^+ = 100 \\
x_{11} + x_{21} + x_{31} + d_6^- - d_6^+ = 200 \times 0.8 \\
x_{12} + x_{22} + x_{32} + d_7^- - d_7^+ = 100 \times 0.8 \\
x_{13} + x_{23} + x_{33} + d_8^- - d_8^+ = 450 \times 0.8 \\
x_{14} + x_{24} + x_{34} + d_9^- - d_9^+ = 250 \times 0.8 \\
\sum_{i=1}^{3}\sum_{j=1}^{4} c_{ij} x_{ij} + d_{10}^- - d_{10}^+ = 2950(1 + 10\%) \\
x_{24} + d_{11}^- - d_{11}^+ = 0 \\
(x_{11} + x_{21} + x_{31}) - \dfrac{200}{450}(x_{13} + x_{23} + x_{33}) + d_{12}^- - d_{12}^+ = 0 \\
\sum_{i=1}^{3}\sum_{j=1}^{4} c_{ij} x_{ij} + d_{13}^- - d_{13}^+ = 2950 \\
x_{ij}, d_k^-, d_k^+ \geqslant 0 \ (i=1,2,3;\ j=1,2,3,4;\ k=1,2,\cdots,13)
\end{cases}$$

应用 Lingo 软件对上述模型进行求解，结果见表 4-7（表中未列出的变量，均在满意方案时取值为 0）.

表 4-7　　　　　　　　　　　　　　　　　　　　　　　单位：吨

变量	含义	解
x_{11}	A_1 到 B_1 的运量	60
x_{12}	A_1 到 B_2 的运量	80
x_{13}	A_1 到 B_3 的运量	110
x_{23}	A_2 到 B_3 的运量	200

续表

变量	含义	解
x_{31}	A_3 到 B_1 的运量	100
x_{33}	A_3 到 B_3 的运量	50
x_{34}	A_3 到 B_4 的运量	250
d_1^-	B_1 未满足的需求	40
d_2^-	B_2 未满足的需求	20
d_3^-	B_3 未满足的需求	90
d_9^+	B_4 的 80%需求的超出量	50
d_{10}^-	总运费不足 2950（1+10%）的部分	75
d_{13}^+	总运费超过 2950 的部分	220

从而得到调运方案，见表 4-8.

表 4-8

产地	销地				产量/吨
	B_1	B_2	B_3	B_4	
	各产地到各销地运量/吨				
A_1	60	80	110		300
A_2			200		200
A_3	100		50	250	400
销量/吨	200	100	450	250	

总运费为 2950+220=3170 元.

习　题　4

1．简述目标规划模型与一般线性规划模型的不同.

2．一个工厂生产甲、乙两种产品，该厂每天的生产能力为 140 工时，每单位甲、乙产品分别消耗 20 工时、10 工时，利润分别为 500 元、200 元．根据市场需求，甲、乙产品每天最多只能分别生产 6 个单位、10 个单位.

（1）为获得最大利润，试制订该厂的生产计划.

（2）若该厂提出以下经营目标：总利润不低于 4000 元；充分利用生产能力，

且尽量不超过 140 工时．试据此制订该厂的生产计划．

3．某彩色电视机组装工厂生产 A、B、C 三种规格的电视机，装配工作在同一生产线上完成，三种产品装配时间消耗分别为 6 小时、8 小时、10 小时．生产线每月正常工作时间为 200 小时，三种规格电视机销售后，每台可获利润分别为 500 元、650 元和 800 元．每月销量预计为 12 台、10 台、6 台．该厂经营目标如下：

（1）利润指标定为每月 16000 元．

（2）充分利用生产能力．

（3）加班时间不超过 24 小时．

（4）产量以预计销售量为准．

为确定生产计划，试建立该问题的目标规划模型．

4．某洗衣机厂生产全自动和半自动两种洗衣机，每生产一台洗衣机都需要 1 工时，工厂的正常生产能力是每周 80 工时．根据统计数据，每周市场上全自动和半自动洗衣机的需求分别为 70 台和 35 台．为了制订合理的生产计划，负责人提出：

（1）尽量避免开工不足．

（2）可以加班，但每周加班最好不超过 10 小时．

（3）尽量满足市场需求．

（4）尽可能减少加班时间．

试建立该问题的目标规划模型，并为该厂制订一个满意的生产计划．

5．某纺织厂生产两种布料：衣料布与窗帘布，利润分别为每米 1.5 元、2.5 元．该厂每周生产时间为 90 小时，每小时可生产任一种布料 1000 米．根据市场分析，衣料布和窗帘布每周的销量分别为 45000 米和 70000 米．试拟订生产计划满足以下目标：

（1）避免产品滞销．

（2）每周利润不低于 225000 元．

（3）充分利用生产能力，尽量少加班．

6．某市准备在下一年度预算中购置一批救护车，已知每辆救护车购置价为 20 万元．救护车用于所属的两个郊区县，各分配 x_A 和 x_B 辆．A 县救护站从接到电话到救护车出动的响应时间为 $(40-3x_A)$ 分钟，B 县相应的响应时间为 $(50-4x_B)$ 分钟．该市确定以下优先级目标：

（1）用于救护车购置费用不超过 400 万元．

（2）A 县的响应时间不超过 5 分钟．

（3）B 县的响应时间不超过 6 分钟．

试建立该问题的目标规划模型，并求出满意解．

7. 某商标的白酒采用 A、B、C 三个等级的酒兑制而成，若这三种等级的酒日供应量分别为 1500 千克、2000 千克、1000 千克，相应的单位成本分别为 16 元/千克、14.5 元/千克、13 元/千克．设该种品牌的酒分红、黄、蓝三种商标，各种商标的酒对原料酒的混合比及售价见表 4-9.

表 4-9

商标	兑制比例要求	单位售价/（元/千克）
红	C 少于 10%，A 多于 50%	15.5
黄	C 少于 70%，A 多于 20%	15.0
蓝	C 少于 50%，A 多于 10%	14.8

酒厂的决策者规定：首先必须严格按规定的比例兑制各种商标的酒；其次是获利最大；再次是红商标的酒每天至少生产 2000 千克．试为酒厂的决策者制订满意的白酒兑制方案.

8. 某工厂生产甲、乙两种产品，由 A、B 两组人员来生产．A 组人员熟练工人较多，工作效率高，成本也高；B 组人员新手较多，工作效率比较低，成本也较低．有关数据见表 4-10.

表 4-10

人员	产品			
	甲		乙	
	效率/（件/时）	成本/（元/件）	效率/（件/时）	成本/（元/件）
A 组	20	100	10	60
B 组	15	80	8	40
产品售价/（元/件）	150		100	

两组人员每天正常工作时间都是 8 小时，每周 5 天，正常时间不够可以加班.

根据市场调查，市场上每周对甲、乙两种产品的需求分别是 1000 件、500 件．工厂根据利润、市场需求及生产能力，依次确定了下述目标：每周利润指标不低于 50000 元；每周尽可能满足市场需求；每周两组的加班时间都不超过 15 小时．试建立该问题的目标规划模型，以便为该厂制订满意的生产计划.

9. 某公司下属 3 个小型煤矿 A_1、A_2、A_3，每天煤炭的产量分别为 12 吨、10 吨、10 吨，供应 B_1、B_2、B_3、B_4 四个工厂，需求量分别为 6 吨、8 吨、6 吨、10 吨．公司调运时依次考虑下述目标：A_1 产地因库存限制，应尽量全部调出；因煤质要求，B_4 需求最好由 A_3 供应；满足各销地需求；调运总费用尽可能小．从煤矿至各厂调运的单位运价（元/吨）见表 4-11，试建立该问题的目标规划模型.

表 4-11

煤矿	工厂			
	B₁	B₂	B₃	B₄
	各煤矿到各厂的单位运价/（元/吨）			
A₁	3	6	5	2
A₂	2	4	4	1
A₃	4	3	6	3

10. 东方造船厂生产用于内河运输的客货两用船. 已知下年度各季度的合同交货量、各季度正常及加班时间内的生产能力及相应的每条船的单位成本见表 4-12.

表 4-12

季度	合同交货/条	正常生产		加班生产	
		生产能力/条	成本/（百万元/条）	生产能力/条	成本/（百万元/条）
1	16	12	5.0	7	6.0
2	17	13	5.1	7	6.4
3	15	14	5.3	7	6.7
4	18	15	5.5	7	7.0

该厂在制订生产计划时依次考虑下述目标：按时完成合同交货；每季度末库存数不超过 2 条（年初无库存）；完成全年合同的总成本不超过 355 万元. 试建立该问题的目标规划模型.

案 例

案例 1 生产计划问题

一工厂生产两种产品 A 和 B，已知生产一件产品 A 需要耗费人力 3 工时，生产一件产品 B 需要耗费人力 4 工时. 产品 A、B 的单位利润分别为 300 元和 150元. 为了最大效率地利用人力资源，确定生产的首要任务是保证人员高负荷生产，要求每周总耗费人力资源不能低于 700 工时，但也不能超过 780 工时的极限；次要任务是要求每周的利润超过 80000 元；在前两个任务的前提下，为了保证库存需要，要求每周产品 A 和 B 的产量分别不低于 250 件和 125 件，因为产品 B 比产品 A 更重要，不妨假设 B 完成最低产量 125 件的重要性是 A 完成 250 件的重要性的 2 倍. 问：工厂应如何拟订生产计划？

案例 2　人员招聘问题

一家企业准备为其在甲、乙两地设立的分公司招聘从事 3 个专业的职员 200 名，具体情况见表 4-13.

表 4-13

城市	专业	招聘人数/人	城市	专业	招聘人数/人
甲	技术	25	乙	技术	30
	销售	35		销售	25
	会计	45		会计	40

企业人力资源部门将应聘的经审查合格人员共 210 人按适合从事专业、本人希望从事专业及本人希望工作的城市，分成 6 个类别，具体情况见表 4-14.

表 4-14

类别	人数	适合从事专业	本人希望从事专业	希望工作的城市
1	35	技术、销售	技术	甲
2	35	销售、会计	销售	甲
3	35	技术、会计	技术	乙
4	35	技术、会计	会计	乙
5	35	销售、会计	会计	甲
6	35	会计	会计	乙

企业确定具体录用与分配的优先级顺序为：

（1）企业恰好录用到应招聘而又适合从事该专业工作的职员.

（2）80%以上录用人员从事本人希望从事的专业.

（3）80%以上录用人员去本人希望工作的城市工作.

试为该企业拟订一个招聘计划.

第 5 章　非线性规划

本章学习目标

● 　了解非线性规划问题的模型及解的特点.
● 　理解非线性规划问题的两种特殊模型.
● 　掌握非线性规划问题的建模及 Lingo 求解方法.

5.1　非线性规划问题及其数学模型

5.1.1　引言

由前面几章知道，在科学管理和其他领域中，很多实际问题可以归结为线性规划问题，其目标函数和约束条件都是自变量的一次函数. 但是还有另外一些问题，其目标函数和（或）约束条件很难用线性函数表达. 如果目标函数或约束条件中含有非线性函数，就称这种问题为非线性规划问题. 解这种问题要用非线性规划的方法. 由于很多实际问题的需求以及电子计算机的发展，使非线性规划在近几十年来得到长足发展. 目前，它已成为运筹学的重要分支之一，并在最优设计、管理科学、系统控制等许多领域得到越来越广泛的应用.

例 5.1.1　某公司专门生产储藏用容器，订货合同要求该公司制造一种散口的长方体容器，容积恰好为 12 立方米，该种容器的底必须为正方形，容器总重量不超过 68 千克. 已知做容器四壁的材料为每平方米 10 元，重 3 千克；做容器底的材料每平方米 20 元，重 2 千克. 试问制造该容器所需的最小费用是多少？

解　设该容器的底边长和高分别为 x_1 米、x_2 米，则目标函数为

$$\min f(x) = 40x_1x_2 + 20x_1^2$$

约束条件为

$$x_1^2 x_2 = 12$$
$$12x_1x_2 + 2x_1^2 \leqslant 68$$
$$x_1 \geqslant 0, x_2 \geqslant 0$$

故该问题的数学模型为

$$\min f(x) = 40x_1x_2 + 20x_1^2$$

$$\text{s.t.} \begin{cases} x_1^2 x_2 = 12 \\ 12x_1x_2 + 2x_1^2 \leqslant 68 \\ x_1 \geqslant 0, x_2 \geqslant 0 \end{cases}$$

此问题的数学模型中含有非线性函数，因此属于非线性规划问题.

5.1.2　非线性规划模型的一般形式

非线性规划模型的一般形式为

$$\min f(x)$$

$$\text{s.t.} \begin{cases} h_i(\mathbf{x}) = 0 \ (i = 1, \cdots, m) \\ g_j(x) \geqslant 0 \ (j = 1, \cdots, l) \end{cases}$$

其中 $\mathbf{x} = (x_1, x_2, \cdots, x_n)^{\mathrm{T}}$ 是 n 维欧氏空间 E^n 中的向量（点）.

由于 $h_i(x) = 0$ 等价于 $h_i(x) \geqslant 0$ 且 $-h_i(x) \geqslant 0$.

于是可将非线性规划模型的一般形式写成如下形式：

$$\min f(x)$$

$$\text{s.t.} \ g_j(x) \geqslant 0 \ (j = 1, \cdots, l)$$

5.1.3　非线性规划问题的几种特殊情况

1. 无约束非线性规划问题

当问题无约束条件时，称问题为无约束非线性规划问题，即为求多元函数的极值问题. 无约束非线性规划模型的一般形式为 $\min\limits_{x \in E^n} f(x)$.

例5.1.2　设一产品含有一化学气体,其含量在储存过程中随着时间增加而减少. 假定气体含量 η 随时间 ξ 的变化规律在 $\xi \geqslant 8$ 时满足关系 $\eta = a + (0.49 - a)\mathrm{e}^{-b(\xi-8)}$,表 5-1 为实验观测得到的一组数据. 试选择 a、b 的值，使实验数据尽可能符合关系式.

表 5-1

序号	时刻 ξ	气体含量 η	序号	时刻 ξ	气体含量 η
1	8	0.44	11	20	0.38
2	10	0.43	12	22	0.36
3	10	0.42	13	22	0.35
4	12	0.41	14	24	0.37
5	12	0. 40	15	24	0.35
6	14	0.38	16	26	0.36
7	16	0.39	17	28	0.36
8	18	0.41	18	30	0.36
9	18	0.40	19	32	0.35
10	20	0.37	20	36	0.33

解　此问题为选择 a、b 的值，使偏差的平方和

$$\delta(a,b) = \sum_{i=1}^{20} [\eta_i - a - (0.49 - a)\mathrm{e}^{-b(\xi_i - 8)}]^2$$

达到最小，即

$$\min \sum_{i=1}^{20} [\eta_i - a - (0.49 - a)\mathrm{e}^{-b(\xi_i - 8)}]^2$$

其中 (ξ_i, η_i) 的值由表 5-1 给出.

2. 二次规划问题

若目标函数是 x 的二次函数，约束条件都是线性的，则称此问题为二次规划问题. 很多问题可以抽象成二次规划问题，二次规划和线性规划有直接联系，而且二次规划问题的求解是非线性规划问题中比较简单的一类，比较容易求解. 因此，二次规划问题往往作为非线性规划问题的一类特殊问题单独研究.

例 5.1.3　某工厂要生产 A 和 B 两种新产品. 每生产一件产品 A 需要在车间 1 加工 1 小时，在车间 3 加工 3 小时；每生产一件产品 B 需要在车间 2 和车间 3 各加工 2 小时. 车间 1 每周可用于生产这两种新产品的时间为 4 小时，车间 2 为 12 小时，车间 3 为 18 小时. 已知每件产品 A 和产品 B 的单位毛利润为 300 元和 500 元，单位营销成本随着销量的增加而增加，设产品 A、B 的每周产量为 x_1、x_2，其单位营销成本为 $30x_1$、$60x_2$. 问如何安排生产计划，使工厂的总利润最大？

解　设产品 A、B 的每周产量为 x_1、x_2，产品 A 每周的毛利润为 $300x_1$，每周营销成本为 $(30x_1)x_1$，因此产品 A 每周的净利润为 $300x_1 - 30x_1^2$；产品 B 每周的

毛利润为 $500\,x_2$，每周营销成本为 $(60x_2)x_2$，因此产品 B 每周的净利润为 $500x_2 - 60x_2^2$.

本题目标要求总利润最大，目标函数为

$$\max z = 300x_1 - 30x_1^2 + 500x_2 - 60x_2^2$$

约束条件为每个车间每周可用工时限制和非负约束，即

$$x_1 \leqslant 4$$
$$2x_2 \leqslant 12$$
$$3x_1 + 2x_2 \leqslant 18$$
$$x_1, x_2 \geqslant 0$$

因此，该问题的数学模型为

$$\max z = 300x_1 - 30x_1^2 + 500x_2 - 60x_2^2$$

$$\text{s.t.}\begin{cases} x_1 \leqslant 4 \\ 2x_2 \leqslant 12 \\ 3x_1 + 2x_2 \leqslant 18 \\ x_1, x_2 \geqslant 0 \end{cases}$$

5.2 非线性规划问题的求解

5.2.1 非线性规划问题解的特点

由于非线性规划问题的复杂性和模型的多样性，因此非线性规划问题的求解十分复杂，求解方法有很多种，但目前还没有适用于解决各种问题的一般算法，各个方法都有自己特定的适用范围．另一方面，一种方法即便是可以用来求解一个非线性规划问题，但也不一定能够求得问题的全局最优解．事实上，很多非线性规划问题未必一定存在全局最优解，即使存在全局最优解，也未必能求得．所以，实践中往往是根据实际问题的要求，设法寻求能够满足需求的局部最优解．

目前，规模较大的非线性规划问题通常通过计算机软件来处理，下面介绍如何通过 Lingo 软件求解非线性规划问题．

5.2.2 用 Lingo 软件求解非线性规划问题

在求解方法上，应用 Lingo 软件求解非线性规划问题与求解线性规划问题基本相同，所不同的是目标函数与约束函数是非线性函数．

例 5.2.1　用 Lingo 软件求解例 5.1.1.

解　编写 Lingo 程序如下：

```
min=40*x1*x2+20*x1^2;
x1^2*x2=12;
12*x1*x2+2*x1^2<=68;
```

类似于线性规划的输入，程序第一行为目标函数，第二行和第三行为约束条件.
求解结果如下：

```
Local optimal solution found.
Objective value:                              323.1779
Infeasibilities:                              0.1278098E-05
Extended solver steps:                        5
Best multistart solution found at step:       2
Total solver iterations:                      45
Elapsed runtime seconds:                      0.31
Model Class:                                  NLP

Total variables:             2
Nonlinear variables:         2
Integer variables:           0
Total constraints:           3
Nonlinear constraints:       3
Total nonzeros:              6
Nonlinear nonzeros:          6

Variable        Value               Reduced Cost
X1              2.690416            0.000000
X2              1.657839            0.000000
Row             Slack or Surplus    Dual Price
1               323.1779            -1.000000
2               -0.1278098E-05      -35.04007
3               -0.1242091E-05      4.522697
```

由上述输出结果可以看出，求得的为 Global optimal solution（全局最优解），
Objective value（目标函数值）为 323.1779，Infeasibilities 为 0.1278098E-05，接
近于 0，说明问题有最优解，Model Class（模型类型）是 NLP，即非线性规划. 最
优解为 X1=2.690416，X2=1.657839. 即容器的底边长和高分别约为 2.69 米和 1.66
米，制造该容器的最小费用约为 323 元.

例 5.2.2　用 Lingo 软件求解例 5.1.2.

解　编写 Lingo 程序如下：

```
sets:
trial/1..20/:kesai,eta;
endsets
```

```
min=@sum(trial:(eta-a-(0.49-a)*@exp(-b*(kesai-8)))^2);
data:
kesai=8,10,10,12,12,14,16,18,18,20,20,22,22,24,24,26,28,30,32,36;
eta = 0.44,0.43,0.42,0.41,0.40,0.38,0.39,0.41,0.40,0.37,0.38,0.36,
      0.35,0.37,0.35, 0.36,0.36,0.36,0.35,0.33;
enddata
```

通过 Lingo 求解，输出结果如下（只列出相关部分）：

```
Local optimal solution found.
Objective value:                    0.7230712E-02
Infeasibilities:                    0.000000
Variable          Value             Reduced Cost
A                 0.3580064         0.8493312E-08
B                 0.2262015         0.000000
```

得到估计气体含量随时间的变化规律的关系式为

$$\eta = 0.358 + (0.49 - 0.358)e^{-0.2262(\xi-8)}$$

例 5.2.3　用 Lingo 软件求解例 5.1.3.

解　编写 Lingo 程序如下：

```
max=300*x1-30*x1^2+500*x2-60*x2^2;
x1<=4;
2*x2<=12;
3*x1+2*x2<=18;
```

通过 Lingo 求解，输出结果如下（只列出相关部分）：

```
Global optimal solution found.
Objective value:                    1714.091
Infeasibilities:                    0.000000
Total solver iterations:            6
Elapsed runtime seconds:            0.05
Model is convex quadratic
Model Class:                        QP
Variable          Value             Reduced Cost
X1                3.545455          0.1062513E-06
X2                3.681818          0.1034595E-06
```

由上述输出结果可以看出，求得的为 Global optimal solution（全局最优解），Objective value（目标函数值）为 323.1779. Infeasibilities 为 0，说明问题有最优解. Model is convex quadratic，即模型是二次凸规划. Model Class（模型类型）是 QP，即二次规划. 最优解为 X1=3.545455，X2=3.681818. 如果需要求得整数解，可以在模型中增加对决策变量的整数性限制，在程序中要求决策变量为整数即可.

5.3　非线性规划的应用

非线性规划模型可用于解决生产实践中的很多问题，这里仅介绍其中的两类典型问题，以便读者初步掌握非线性规划问题的建模方法.

5.3.1　最优投资组合问题

管理大量证券投资组合的职业经理，经常需要用部分基于非线性规划的计算机模型来指导他们的工作，因为投资者不仅关心预期回报，还关心投资带来的相应风险，所以非线性规划经常用来确定投资的组合，该投资组合在一定的假设下可以获得收益和风险之间的最优平衡. 这种方法主要来自哈里·马克维茨（Harry Markowitz）和威廉·夏普（William Sharpe）的开创性研究，他们因为该项研究而获得了 1999 年的诺贝尔经济学奖.

投资组合优化，就是确定投资项目中的一组最优投资比例. 这里所说的"最优"，可以是在一定风险水平下使得投资回报最大，也可以是在一定的投资回报水平下使得风险最小.

若投资对象只有一个，则该投资的回报可以用期望回报率来描述，而风险可以用方差或标准差来表示，假设某人要投资某一项目，他如何估计该项目的平均回报和风险呢？这涉及一个投资回报率的问题. 投资回报率 X_i 是一个随机数，表示第 i 年每元钱投资的年回报额. 例如当 $X_i=0.15$ 时，说明在年初投资 1 元，在年末就增值到 1.15 元. 该项目在前 n 年的回报率是由 n 个数组成的向量 $(X_1, X_2, \cdots, X_n)$. 由于无法确切地知道该项目未来的回报率，因此通常只能用该项目的历史业绩来近似地估计未来的回报率，即用前 n 年的回报率 $(X_1, X_2, \cdots, X_n)$ 的期望值来估计本年的期望回报率. 这 n 个数的期望值的计算公式如下：

$$\mu = \frac{(X_1 + X_2 + \cdots + X_n)}{n} = \frac{\sum\limits_{i=1}^{n} X_i}{n}$$

其中，X_i 为第 i 年的回报率；μ 为期望回报率；n 为数据的个数.

期望回报率 μ 描述了投资的平均回报水平. 不过，仅仅用期望回报率来描述投资效果是不够的，例如有一组回报率由 $(-0.2, 0.4, 1.0)$ 组成，其期望回报率是 0.4. 另一组回报率由 $(0.35, 0.4, 0.45)$ 组成. 其期望回报率也是 0.4. 两组数的期望回报率相同，但前一组中的数据比较分散，反映出前一项投资回报率的起落较大，或者说风险较大；而后组中的数据则比较接近，反映出后一项投资回报率的起落较小，或者说风险较小．所以，还需要用离散趋势的量来描述数据的起落，也就是风险的大小．表述一组回报率 $(X_1, X_2, \cdots, X_n)$ 离散趋势的常用量是方差或标准差．总体方差的计算公式如下：

$$\sigma^2 = \frac{\sum_{i=1}^{n}(X_i - \mu)^2}{n}$$

其中，σ^2 为回报率的方差；X_i 为第 i 年的回报率；μ 为期望回报率；n 为数据的个数．

将方差开平方，得到回报率的标准差（也称标准方差或平均方差）．总体标准差的计算公式如下：

$$\sigma = \sqrt{\frac{\sum_{i=1}^{n}(X_i - \mu)^2}{n}}$$

其中，σ 为回报率的标准差．

综上所述，一个投资项目的投资效果可以用投资回报率的期望值和方差（或标准差）来描述，前者反映了该项投资的回报水平，后者反映了该项投资的风险状况．

若投资对象不止一个，则该组投资的总回报率不仅与各投资项目的单项期望回报率有关，而且与各项目的投资比例有关．设一组投资由 m 个投资项目（以下简称项目）组成，它们的单项期望回报率为 $(\mu_1, \mu_2, \cdots, \mu_m)$，对该 m 个项目的投资比例为 $(r_1, r_2, \cdots, r_m)$，则该组投资的总回报率 R 的期望值为单项回报率与相应的投资比例的乘积之和．其估算公式如下：

$$R = r_1\mu_1 + r_2\mu_2 + \cdots + r_m\mu_m$$

其中，R 为投资组合的总回报率；$\mu_1, \mu_2, \cdots, \mu_m$ 为 m 个项目的单项期望回报率；$r_1, r_2, \cdots, r_m$ 为 m 个项目的投资比例．

投资组合的总回报率期望值描述了多项投资的总体平均回报水平．同样地，仅仅用总回报率期望值来描述投资组合的效果是不够的，还需要描述总回报率的离散趋势，也就是整个投资组合风险的大小．一组投资的总回报率的风险（或离散趋势）的常用量是总回报率的方差或标准差．总回报率的方差与下面几个因素有关：

（1）单项回报率的方差，单项回报率的方差越大，总回报率的方差也越大．

（2）各项目的投资比例，投资比例大的项目，对投资组合的风险影响也大．

（3）各项目之间的相关性，一个项目的风险，可能影响另一个项目的风险，从而影响整个投资组合的风险.

则总回报率 R 的方差的估算公式如下:

$$R \text{ 的方差} = r_1^2 \sigma_1^2 + r_2^2 \sigma_2^2 + \cdots + r_m^2 \sigma_m^2 + \sum_{i=j} r_i r_j \rho_{ij} \sigma_i \sigma_j$$

其中, R 为投资组合的总回报率; $r_1, r_2, \cdots, r_m$ 为 m 个项目的投资比例; $\sigma_1^2, \sigma_2^2, \cdots, \sigma_m^2$ 为 m 个项目的单项回报率的方差; $\sigma_1, \sigma_2, \cdots, \sigma_m$ 为 m 个项目的单项回报率的标准差; ρ_{ij} 为第 i 个项目与第 j 个项目的相关系数, 其中 $0 \leqslant \rho_{ij} \leqslant 1$, $\rho_{ij} = \rho_{ji}$, $\rho_{ii} = 1$.

上式的右边有两个部分, 第一部分是 $r_1^2 \sigma_1^2 + r_2^2 \sigma_2^2 + \cdots + r_m^2 \sigma_m^2$, 它是各项目的单项回报率的方差与该项目投资比例的平方的乘积之和, 它反映出总方差取决于各项目的单项方差与投资比例. 第二部分是 $\sum_{i=j} r_i r_j \rho_{ij} \sigma_i \sigma_j$, 它反映出总方差还与各项目之间的相关性有关, 当相关系数 $\rho_{ij} = 0$ 时, 第 i 个项目与第 j 个项目无关, 第二部分为零; 当相关系数 $\rho_{ij} \neq 0$ 时, 由于项目之间的相关性, 第 i 个项目的风险将影响第 j 个项目的风险, 从而进一步影响整个投资组合的风险. 其中, 当 $\rho_{ij} > 0$ 时, 说明第 i 个项目风险的增加将会使得第 j 个项目的风险增加(称为正相关), 从而使得整个投资组合的风险增加: 当 $\rho_{ij} < 0$ 时, 说明第 i 个项目风险的增加将会使得第 j 个项目的风险减少(称为负相关, 从而使得整个投资组合的风险减少).

大部分投资者的目标是获得最大的投资回报和承担最小的投资风险. 投资组合优化模型, 就是确定一组项目的最优投资比例(或各项目的投资额), 在该投资组合的总回报率的方差不超过某个可接受值的约束下(即在可接受的风险水平下), 使得总回报率的期望值最大; 或者在投资组合的总回报率期望值不低于某个所要求的约束下(即在所要求的投资回报水平下), 使得总回报率的方差最小(即投资的风险最小). 由于总回报率的方差是投资比例的非线性函数, 因此该模型是一个非线性规划模型.

例 5.3.1　某投资者有一笔资金, 拟选择下面 3 个项目进行长期组合投资. 3 个可投资的项目为股票 1、股票 2 和股票 3. 它们在过去 12 年的投资回报率见表 5-2.

从以下两个方面分别确定 3 个项目的投资比例应该是多少:

(1) 在总投资回报率不低于 13% 的前提下, 使得投资的总风险最小.

(2) 在方差最大不超过 12% 的情况下, 获得最大的收益.

表 5-2

第 i 年	股票 1	股票 2	股票 3	第 i 年	股票 1	股票 2	股票 3
1	0.3	0.225	0.149	7	0.038	0.321	0.133
2	0.103	0.29	0.26	8	0.089	0.305	0.732
3	0.216	0.216	0.419	9	0.090	0.195	0.021
4	−0.006	−0.272	−0.078	10	0.083	0.39	0.131
5	−0.071	0.144	0.169	11	0.035	−0.072	0.006
6	0.056	0.107	−0.035	12	0.176	0.715	0.908

解   通过表 5-2 可以计算每个项目过去 12 年的期望回报率和每个项目期望回报率的方差及两个项目之间的相关系数，用 r_1、r_2、r_3 表示 3 个项目的期望回报率，用 σ_1^2、σ_2^2、σ_3^2 表示 3 个项目回报率的方差，用 ρ_{ij} 表示第 i 个项目和第 j 个项目之间的相关系数，$i = 1,2,3$；$j = 1,2,3$．设 x_1、x_2、x_3 分别表示 3 个项目的投资比例，设该投资组合总回报率的期望值为 z，$z = x_1 r_1 + x_2 r_2 + x_3 r_3$，投资的总风险用 z 的方差 σ^2 表示：

$$\sigma^2 = x_1^2 \sigma_1^2 + x_2^2 \sigma_2^2 + r_3^2 \sigma_3^2 + 2r_1 r_2 \rho_{12} \sigma_1 \sigma_2 + 2r_1 r_3 \rho_{13} \sigma_1 \sigma_3 + 2r_2 r_3 \rho_{23} \sigma_2 \sigma_3$$

对于问题（1），在总投资回报率不低于 13% 的前提下，使得投资的总风险最小，以投资组合总回报率的方差为目标函数，约束条件为：

3 个项目的投资比例总和为 1，即 $x_1 + x_2 + x_3 = 1$．

投资组合总回报率不低于 13%，即 $x_1 r_1 + x_2 r_2 + x_3 r_3 \geqslant 13\%$．

问题的数学模型为

$$\min w = x_1^2 \sigma_1^2 + x_2^2 \sigma_2^2 + r_3^2 \sigma_3^2 + 2r_1 r_2 \rho_{12} \sigma_1 \sigma_2 + 2r_1 r_3 \rho_{13} \sigma_1 \sigma_3 + 2r_2 r_3 \rho_{23} \sigma_2 \sigma_3$$

$$\text{s.t.} \begin{cases} x_1 + x_2 + x_3 = 1 \\ x_1 r_1 + x_2 r_2 + x_3 r_3 \geqslant 13\% \\ x_1, x_2, x_3 \geqslant 0 \end{cases}$$

对于问题（2），在方差最大不超过 12% 的情况下，获得最大的收益，以投资总收益最大化为目标，以投资比例总和为 1 与方差不超过 12% 为约束条件，建立问题的数学模型如下：

$$\max z = x_1 r_1 + x_2 r_2 + x_3 r_3$$

$$\text{s.t.} \begin{cases} x_1 + x_2 + x_3 = 1 \\ x_1^2 \sigma_1^2 + x_2^2 \sigma_2^2 + r_3^2 \sigma_3^2 + 2r_1 r_2 \rho_{12} \sigma_1 \sigma_2 + 2r_1 r_3 \rho_{13} \sigma_1 \sigma_3 + 2r_2 r_3 \rho_{23} \sigma_2 \sigma_3 \leqslant 12\% \\ x_1, x_2, x_3 \geqslant 0 \end{cases}$$

编写 Lingo 程序求解问题（1）如下：

```
MODEL:
sets:
year/1..12/;
stocks/A,B,C/:mean,x;
YXS(year,stocks):R;
SXS(stocks,stocks):H;
endsets
data:
    R= 0.300    0.225    0.149
       0.103    0.290    0.260
       0.216    0.216    0.419
      -0.006   -0.272   -0.078
      -0.071    0.144    0.169
       0.056    0.107   -0.035
       0.038    0.321    0.133
       0.089    0.305    0.732
       0.090    0.195    0.021
       0.083    0.390    0.131
       0.035   -0.072    0.006
       0.176    0.715    0.908;
enddata
    min=@sum(SXS(i,j):H(i,j)*x(i)*x(j));
    @sum(stocks:x)=1;
    @sum(stocks:mean*x)>=0.13;
    @for(stocks(j):
        mean(j)=@sum(year(i):R(i,j))/@size(year));
    @for(SXS(i,j):
     H(i,j)=@sum(year(k):
        (R(k,i)-mean(i))*(R(k,j)-mean(j)))/(@size(year)-1));
END
```

计算结果（只列出相关部分）如下：

```
Local optimal solution found.
Objective value:              0.1474556E-01
Variable          Value                Reduced Cost
X(A)              0.7003087            0.1302370E-08
X(B)              0.2401324            0.3749946E-08
X(C)              0.5955883E-01        0.2030848E-07
```

即 70.03%的资金投资股票 1；24.01%的资金投资股票 2；5.96%的资金投资股票 3．这样做可使投资风险最小．

编写 Lingo 程序求解问题（2）如下：

```
MODEL:
sets:
```

```
year/1..12/;
stocks/A,B,C/:mean,x;
YXS(year,stocks):R;
SXS(stocks,stocks):H;
endsets
data:
  R= 0.300    0.225    0.149
     0.103    0.290    0.260
     0.216    0.216    0.419
    -0.006   -0.272   -0.078
    -0.071    0.144    0.169
     0.056    0.107   -0.035
     0.038    0.321    0.133
     0.089    0.305    0.732
     0.090    0.195    0.021
     0.083    0.390    0.131
     0.035   -0.072    0.006
     0.176    0.715    0.908;
enddata
max= @sum(stocks:mean*x);
@sum(SXS(i,j):H(i,j)*x(i)*x(j))<=12;
@sum(stocks:x)=1;
@for(stocks(j):
    mean(j)=@sum(year(i):R(i,j))/@size(year));
@for(SXS(i,j):
    H(i,j)=@sum(year(k):
      (R(k,i)-mean(i))*(R(k,j)-mean(j)))/(@size(year)-1));
END
```

计算结果（只列出相关部分）如下：

```
Local optimal solution found.
Objective value:              0.2345833
Variable          Value              Reduced Cost
X(A)           0.5490664E-08         0.1421667
X(B)           0.6155443E-08         0.2091667E-01
X(C)           1.000000              0.1165361E-08
```

即全部资金都用于投资股票 3 可在投资风险最小不超过 12%的前提下，得到最大收益 0.23.

5.3.2　最优选址问题

选址问题是运筹学中经典问题之一，在生产实践、物流，甚至军事中都有着非常广泛的应用，如工厂、仓库、急救中心、消防站、物流中心等的选址．选址是否合适直接影响到服务质量、服务效率、服务成本等，从而影响到利润和市场竞争力．在生产实践和现代物流中，经常碰到如下问题：拟为某种物资建立 m 个储备仓库，且第 i 个仓库的存储容量为 a_i（$i=1,2,\cdots,m$）．现共有 n 个物资需求单位，第 j 个需求单位的位置为 (p_j,q_j)，可预期的需求量为 b_j（$j=1,2,\cdots,n$），物资的总存储量不低于可预期的总需求量．要求各储备仓库到各需求单位的运输量与相应路程的乘积之和最小，请帮助确定这 m 个储备仓库的位置．

此类问题可以建立非线性规划模型解决．

根据问题的要求，假设第 i 个仓库的位置为 (x_i,y_i)（$i=1,2,\cdots,m$），第 i 个仓库到第 j 个需求单位的物资供应量为 h_{ij}（$i=1,2,\cdots,m$；$j=1,2,\cdots,n$），各仓库到各需求单位的运输量与相应路程的乘积之和为 z．用 d_{ij} 表示第 i 个仓库到第 j 个需求单位的直线距离，可得

$$d_{ij}=\sqrt{(x_i-p_j)^2+(y_i-q_j)^2}\quad(i=1,2,\cdots,m;\ j=1,2,\cdots,n)$$

则根据问题要求，目标函数表示为

$$\min z=\sum_{i=1}^{m}\sum_{j=1}^{n}h_{ij}d_{ij}=\sum_{i=1}^{m}\sum_{j=1}^{n}h_{ij}\sqrt{(x_i-p_j)^2+(y_i-q_j)^2}$$

问题的约束条件包括：

（1）每个仓库向各个需求单位的供应的物资量之和不能超过其存储的容量，即

$$\sum_{j=1}^{n}h_{ij}\leqslant a_i\quad(i=1,2,\cdots,m)$$

（2）每个需求单位从各个仓库所得到的物资总量应等于其需求量，即

$$\sum_{i=1}^{m}h_{ij}=b_j\quad(j=1,2,\cdots,n)$$

于是该问题的数学模型为

$$\min z=\sum_{i=1}^{m}\sum_{j=1}^{n}h_{ij}\sqrt{(x_i-p_j)^2+(y_i-q_j)^2}$$

$$\text{s.t.}\begin{cases}\sum_{j=1}^{n}h_{ij}\leqslant a_i\\\sum_{i=1}^{m}h_{ij}=b_j\\h_{ij}\geqslant 0\ (i=1,2,\cdots,m;\ j=1,2,\cdots,n)\end{cases}$$

例 5.3.2 某公司准备建两个临时混凝土搅拌站,向 6 个建筑工地供应商品混凝土. 每个搅拌站日产混凝土各为 25 吨,每个工地的位置(用平面坐标 x、y 表示,距离单位:公里)、混凝土日需用量见表 5-3. 现需要确定搅拌站建在什么位置,才能使其向各工地供应混凝土总的吨公里数最少?

表 5-3

工地	1	2	3	4	5	6
x/公里	1.35	8.75	0.5	5.75	3	7.25
y/公里	1.35	0.75	4.8	5.5	6.5	7.55
日需用量/吨	4	6	5	8	7	12

解 设第 i 个混凝土搅拌站的位置为 (x_i, y_i)($i=1,2$),第 i 个混凝土搅拌站到第 j 个建筑工地的混凝土供应量为 h_{ij}($i=1,2$;$j=1,\cdots,6$),各混凝土搅拌站向各工地供应混凝土总的吨公里数为 z. 用 d_{ij} 表示第 i 个混凝土搅拌站到第 j 个建筑工地的直线距离,用 (p_j, q_j) 表示第 j 个建筑工地的位置,则

$$d_{ij} = \sqrt{(x_i - p_j)^2 + (y_i - q_j)^2} \quad (i=1,2; j=1,\cdots,6)$$

问题的数学模型为

$$\min z = \sum_{i=1}^{2} \sum_{j=1}^{6} h_{ij} \sqrt{(x_i - p_j)^2 + (y_i - q_j)^2}$$

$$\text{s.t.} \begin{cases} \sum_{j=1}^{6} h_{ij} \leqslant a_i \\ \sum_{i=1}^{2} h_{ij} = b_j \\ h_{ij} \geqslant 0 \quad (i=1,2; j=1,\cdots,6) \end{cases}$$

代入表 5-3 中的数据,编写 Lingo 程序如下:

```
model:
sets:
coordinate/x,y/;
shop/1..6/:d;
local/P,Q/:e;
lxc(local,coordinate):A;
links(local,shop):X;
cxs(coordinate,shop):B;
endsets
data:
```

```
B=1.35 8.75 0.5 5.75 3 7.25,
    1.35 0.75 4.8 5.5 6.5 7.5;
d=4,6,5,8,7,12;
e=25,25;
enddata
min=@sum(links(i,j):
(@sum(coordinate(k):(A(i,k)-B(k,j))^2))^0.5*X(i,j));
@for(local(i):@sum(shop(j):X(i,j))<=e(i));
@for(shop(j):@sum(local(i):X(i,j))=d(j));
end
```

计算结果如下（只列出相关部分）：

Local optimal solution found.

Objective value:		97.44651
Variable	Value	Reduced Cost
A(P,X)	1.752432	0.000000
A(P,Y)	5.018162	0.000000
A(Q,X)	7.250000	-0.1295419E-04
A(Q,Y)	7.500000	0.6658970E-05
X(P,1)	4.000000	0.000000
X(P,2)	1.000000	0.000000
X(P,3)	5.000000	0.000000
X(P,4)	0.000000	0.2446264
X(P,5)	7.000000	0.000000
X(P,6)	0.000000	4.749938
X(Q,1)	0.000000	6.114174
X(Q,2)	5.000000	0.000000
X(Q,3)	0.000000	7.280557
X(Q,4)	8.000000	0.000000
X(Q,5)	0.000000	3.710860
X(Q,6)	12.00000	0.000000

即两个混凝土搅拌站的位置分别为(1.75,5.02)和(7.25,7.5). 第一个搅拌站向工地 1、2、3、5 分别运送 4 吨、1 吨、5 吨、7 吨，第二个搅拌站向工地 2、4、6 分别运送 5 吨、8 吨、12 吨，总运量为 97.45 吨公里.

习　题　5

1. 某厂生产一种混合物，它由原料 A 和 B 组成，估计生产量是 $3.6x_1 - 0.4x_1^2 + 1.6x_2 - 0.2x_2^2$，其中 x_1 和 x_2 分别为原料 A 和 B 的使用量（吨）. 该厂拥有资金 5 万元，A 种原料每吨的单价为 1 万元，B 种为 5 千元，试写出使生产量最大化的数学模型.

2. 在某一试验中变更条件 x_i 四次，测得相应的结果 y_i 示于表 5-4，试为这一试验拟合一条直线，使其在最小二乘意义上最好地反映这项试验的结果.

表 5-4

条件 x_i	2	4	6	8
结果 y_i	1	3	5	6

3. 某公司经营两种产品，第一种产品每件售价 30 元，第二种产品每件售价 450 元. 根据统计，售出一件第一种产品所需要的服务时间平均是 0.5 小时，第二种产品是（$2+0.25x_2$）小时，其中 x_2 是第二种产品的售出数量. 已知该公司在这段时间内的总服务时间为 800 小时，试确定使营业额最大的营业计划.

4. 设有两个物理量 ξ 和 η，根据某一物理定律得知它们满足关系 $\eta = a + b\xi^c$，式中 a、b、c 是 3 个常数，在不同情况下取不同的值. 现由实验得到一组数据 $(\xi_1, \eta_1), (\xi_2, \eta_2), \cdots, (\xi_m, \eta_m)$，试选择 a、b、c 的值，使曲线 $\eta = a + b\xi^c$ 尽可能靠近所有的实验点 (ξ_i, η_i)（$i = 1, 2, \cdots, m$）.

5. 一位医院管理人员想建立一个模型，对重症患者出院后的长期恢复情况进行预测. 自变量是患者住院的天数（ξ），因变量是患者出院后长期恢复的预后指数（η），指数的数值越大表示预后结局越好. 为此，研究了 15 个患者的数据，这些数据列在表 5-5 中. 经验表明，病人住院的天数（ξ）和预后指数（η）服从非线性模型 $\eta = a + be^{c\xi}$，试用非线性规划方法估计参数 a、b、c 的值.

表 5-5

病号	住院天数 ξ	预后指数 η	病号	住院天数 ξ	预后指数 η
1	2	54	9	34	18
2	5	50	10	38	13
3	7	45	11	45	8
4	10	37	12	52	11
5	14	35	13	53	8
6	19	25	14	60	4
7	26	20	15	65	6
8	31	16			

6. 现要投资 3 种股票（股票 1、股票 2 和股票 3）. 表 5-6 给出了 3 种股票所需要的数据（这些数据主要是从前些年的股票收益中取几个样本，接着计算了这些样本的平均值、标准差和协方差. 当股票的前景与前几年不一致时，至少要对

一种股票预期收益的相应估计作出调整). 如果投资者预期回报的最低可接受水平为 18%，请确定 3 种股票的最优投资比例，使投资组合的总风险最小.

表 5-6

股票	预期回报	风险（标准差）	投资组合	交叉风险（协方差）
1	21%	25%	1 与 2	0.040
2	30%	45%	1 与 3	-0.005
3	8%	5%	2 与 3	-0.010

7. 某公司正在对资产进行股票的投资组合，要投资的股票包括一支科技股、一支银行股、一支能源股. 公司的金融分析师已经收集了数据，并估计了有关这些股票的收益率的期望值，以及有关这些股票的标准差和相关系数信息，具体见表 5-7. 如果公司预期回报的最低可接受水平为 11%，请确定 3 种股票的最优投资比例，使投资组合的总风险最小.

表 5-7

股票	年预期收益率/%	收益率的标准差/%	相关系数		
			科技股票	银行股票	能源股票
科技股票	11	4			
银行股票	14	4.69	0.160		
能源股票	7	3.16	-0.395	0.067	

8. 某工厂向用户提供发动机，按合同规定，其交货数量和日期是：第一季度末交 40 台，第二季度末交 60 台，第三季度末交 80 台. 工厂的最大生产能力为每季 100 台，每季度的生产费用是 $f(x) = 50x + 0.2x^2$（元），此处 x 为该季生产发动机的台数. 若工厂生产得多，多余的发动机可移到下季度向用户交货，这样工厂就需支付存贮费，每台发动机每季度的存贮费为 4 元. 问该厂每季度应生产多少台发动机，才能既满足交货合同，又使工厂所花费的费用最少（假定第一季开始时发动机无存货）.

9. 某电视机厂要制订下年度的生产计划. 由于该厂生产能力和仓库大小的限制，它的月生产量不能超过 b 台，存储量不能大于 c 台. 按照合同规定，该厂于第 i 月月底需交付的电视机台数为 d_i. 现以 x_i 和 y_i 分别表示该厂第 i 个月电视机的生产台数和存储台数，当月生产费用和存储费用分别是 $f_i(x_i)$ 和 $g_i(y_i)$. 假定本年度结束时的存储量为零，试确定使下年度费用（包括生产费用和存储费用）最低的生产计划（即确定每月的生产量）.

案　例

案例 1　投资的收益和风险问题

市场上有 n 种资产（如股票、债券等）S_i（$i=1,2,\cdots,n$）供投资者选择，某公司有数额为 M 的一笔相当大的资金可用作一个时期的投资，公司财务分析人员对这 n 种资产进行了评估，估算出在这一时期内购买 S_i 的平均收益率为 r_i，并预测出购买 S_i 的风险损失率为 q_i，考虑到投资越分散，总的风险越小，公司确定，当用这笔资金购买若干种资产时，总体风险可用所投资的 S_i 中最大的一个风险来度量.

购买 S_i 要付交易费，费率为 p_i，并且当购买额不超过给定值 u_i 时，交易费按购买 u_i 计算（不买当然无须付费）. 另外，假定同期银行存款利率是 r_0（$r_0=5\%$），且既无交易费又无风险.

（1）$n=4$ 时的相关数据见表 5-8.

表 5-8

S_i	$r_i/\%$	$q_i/\%$	$p_i/\%$	$u_i/$元
S_1	28	2.5	1	103
S_2	21	1.5	2	198
S_3	23	5.5	4.5	52
S_4	25	2.6	6.5	40

（2）试给该公司设计一种投资组合方案，即用给定的资金 M，有选择地购买若干种资产或存银行生息，使净收益尽可能大，而总体风险尽可能小.

（3）试就一般情况对以上问题进行讨论，并利用表 5-9 中的数据（$n=15$ 时的相关数据）进行计算.

表 5-9

S_i	S_1	S_2	S_3	S_4	S_5	S_6	S_7	S_8	S_9	S_{10}	S_{11}	S_{12}	S_{13}	S_{14}	S_{15}
$r_i/\%$	9.6	18.5	49.4	23.9	8.1	14	40.7	31.2	33.6	36.8	11.8	9	35	9.4	15
$q_i/\%$	42	54	60	42	1.2	39	68	33.4	53.3	40	31	5.5	46	5.3	23
$p_i/\%$	2.1	3.2	6.0	1.3	7.6	3.4	5.6	3.1	2.7	2.9	5.1	5.7	2.7	4.5	7.6
$u_i/$元	181	407	428	549	270	397	178	220	475	248	195	320	267	328	131

案例 2   飞行管理问题

在约 10000m 的高空中某边长为 160km 的正方形区域内，经常有若干架飞机作水平飞行. 区域内每架飞机的位置和速度向量均由计算机记录其数据，以便进行飞行管理. 当一架欲进入该区域的飞机到达区域边缘时，记录其数据后，要立即计算并判断是否会与此区域内的飞机发生碰撞. 若会碰撞，则应计算如何调整各架（包括新进入的）飞机飞行的方向角，以避免碰撞. 现假定条件如下：

（1）不碰撞的标准为任意两架飞机的距离大于 8km.

（2）飞机飞行方向角调整的幅度不应超过 30°.

（3）所有飞机飞行速度均为 800km/h.

（4）进入该区域的飞机在到达区域边缘时，与区域内飞机的距离应在 60km 以上.

（5）最多需考虑 6 架飞机.

（6）不必考虑飞机离开此区域后的状况.

要解决的问题：

（1）对这个避免碰撞的飞机管理问题建立数学模型，列出计算步骤，对以下数据进行计算（方向角误差不超过 0.01°），要求飞机飞行方向角调整的幅度尽量小.

（2）设该区域内 4 个顶点的坐标为(0,0)，(160,0)，(160,160)，(0,160)，记录数据见表 5-10，根据实际应用背景对你的模型进行评价与推广.

表 5-10

飞机编号	横坐标	纵坐标	方向角/°
1	150	140	243
2	85	85	236
3	150	155	220.5
4	145	50	159
5	130	150	230
新进入	0	0	52

注：方向角指飞行方向与 x 轴正方向的夹角.

第6章 动态规划

本章学习目标

- 了解动态规划在实践中的应用.
- 理解动态规划的基本思想.
- 掌握动态规划的建模方法.
- 能够结合实际情况建立动态规划模型.
- 掌握动态规划的逆序解法.

6.1 动态规划的研究对象

6.1.1 多阶段决策问题简介

动态规划把多阶段决策问题作为研究对象，由美国数学家贝尔曼（Bellman）等人在20世纪50年代提出.

在生产和经营管理中，有一类活动的过程，由于它的特殊性，可划分为若干个互相联系的阶段（即将问题划分为若干个互相联系的子问题），在它的每一阶段都需要作出决策（选择），每一阶段的决策不仅影响本阶段的活动，还会影响下一阶段的活动及其决策. 各阶段的决策构成一个决策序列，就是解决整个问题的方案，称为一个策略. 由于在每一阶段，通常有多个方案可供选择，因此每一阶段能作出多个不同的决策，从而解决整个问题的策略也不唯一. 不同策略解决问题的效果不同，那么，在诸多可供选择的策略中，选择哪一策略才能使问题得到最好的解决？简言之，把一个问题划分成若干个相互联系的阶段选取其最优策略，这类问题即为多阶段决策问题.

多阶段决策问题最优化的目标是要使整个活动的总体效果最优，由于各阶段相互联系，本阶段决策影响下一阶段决策以致影响总体效果，因此决策者在每阶段决策中不应该仅考虑本阶段最优，还应考虑对全局的影响，从而作出对全局而言是最优的决策.

6.1.2　多阶段决策问题的典型实例

多阶段决策问题有很多类型,为了方便理解这类问题的特点,下面列举一些典型的例子.

1. 投资问题

例 6.1.1　某公司现有资金 8 百万元,可以投资 A、B、C 这 3 个项目. 每个项目的投资效益与投入该项目的资金有关. A、B、C 这 3 个项目的投资方案及投资后的预期收益见表 6-1. 问公司应如何确定对这 3 个项目的投资额,以使公司总收益最大.

表 6-1

投资额/百万元	项目		
	A	B	C
	预期收益/百万元		
2	8	7	10
4	15	20	28
6	30	33	35
8	36	40	42

分析：该问题中,每个项目均有几种不同的投资方案,所以要对每个项目作出一个决策,共需决策 3 次,决策时必须遵循资金总额不超过 8 百万元的约束,若把每个项目视为一个阶段,则此问题是一个多阶段决策问题.

2. 背包问题

例 6.1.2　有 3 种货物准备装到一辆卡车上,第 i(i=1,2,3)种货物每箱质量为 a_i 吨,其价值为 c_i,见表 6-2. 假定此车的载重量为 10 吨,现需确定 3 种货物各装几箱可使装载的总价值最大.

表 6-2

货物 i	质量 a_i/吨	价值 c_i
1	2	4
2	1	2
3	4	7

分析：该问题中,因为要对每一种货物确定装载的箱数,共需作出 3 次决策,决策时遵循货物的总质量不超过 10 吨的约束,若把每一种货物看成一个阶段,则

该问题为多阶段决策问题.

3. 机器负荷分配问题

例 6.1.3 设某种机器可以在高、低两种负荷下生产. 在高负荷下生产时, 每台机器的年产量为 8 吨, 机器的完好率为 0.7; 在低负荷下生产时, 每台机器的年产量为 5 吨, 机器完好率为 0.9. 假定开始生产时完好的机器数量为 100 台. 要求制订一个连续 5 年的分配计划, 使 5 年内的总产量最高.

分析: 每年年初都要作出决策, 这是一个五阶段决策问题.

4. 最短路线问题

例 6.1.4 图 6-1 为一线路网络, 现在要铺设从点 A 到点 E 的铁路, 中间需经过 3 个点, 第一个点可以是 B_1、B_2、B_3 中的某个点, 第二个点可以是 C_1、C_2、C_3 中的一个点, 等等. 连线上的数字表示两点间的距离. 要求选择一条 A 至 E 的最短路线.

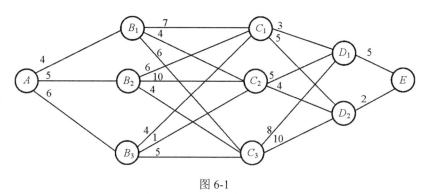

图 6-1

分析: 此问题中, 从 A 到 B_1、B_2、B_3 中的哪一点需要作出决策, 从 B_1、B_2、B_3 中的某点到 C_1、C_2、C_3 中的哪一点也要作出决策, 等等 (以此类推), 从 A 到 E 共需作出 4 次决策. 因此可以把整个路线分成 4 个阶段, 此问题亦为多阶段决策问题.

6.2 动态规划的基本概念与基本原理

6.2.1 动态规划的基本概念

运用动态规划方法求解多阶段决策问题, 首先要将问题写成动态规划模型, 再进行求解. 下面介绍动态规划模型中用到的概念.

1. 阶段

用动态规划方法解决问题，首先必须根据实际问题所处的时间、空间或其他条件，把所研究的问题恰当地划分为若干个相互联系的阶段，以便能按一定的次序去求解．描述阶段的变量称为阶段变量，常用 k 表示．如例 6.1.4 可分为 4 个阶段来求解，k 分别等于 1、2、3、4．

2. 状态

状态就是阶段的初始条件．在例 6.1.4 中，状态就是某阶段的出发位置．它既是该阶段某支路的起点，又是前一阶段某支路的终点．

常用 s_k 表示第 k 阶段的状态变量．如在例 6.1.4 中第三阶段有 3 个状态，则状态变量 s_k 可取 3 个值，即 C_1、C_2、C_3．

第 k 阶段所有状态构成的集合，称为第 k 段状态集，记为 $S_k, S_k = \{s_k\}$．如在例 6.1.4 中，$S_3 = \{C_1, C_2, C_3\}$．

3. 决策

当过程处于某一阶段的某个状态时，可以作出不同的决定（或选择），从而确定下一阶段的状态，这种决定称为决策．常用 $x_k(s_k)$ 表示第 k 阶段当状态处于 s_k 时的决策变量，它是状态变量的函数．在实际问题中，决策变量的取值往往限制在某一范围之内，此范围称为允许决策集合．常用 $X_k(s_k)$ 表示第 k 阶段当状态处于 s_k 时的允许决策集合，显然有 $x_k(s_k) \in X_k(s_k)$．

如在例 6.1.4 第二阶段中，若从 B_1 出发，就可作出 3 种不同的决策，$x_2(B_1) = C_1$、C_2 或 C_3，其允许决策集合 $X_2(B_1) = \{C_1, C_2, C_3\}$．

4. 状态转移方程

在确定性过程中，一旦某阶段的状态和决策确定，下阶段的状态便完全确定．用状态转移方程表示这种演变规律，记为

$$s_{k+1} = T_k(s_k, x_k) \quad (k = 1, 2, \cdots, n)$$

在例 6.1.4 中状态转移方程为 $s_{k+1} = x_k(s_k)$．

5. 策略

各阶段决策确定后，整个问题的决策序列就构成一个全过程策略，简称策略，记为 $p_1(s_1)$．即

$$p_1(s_1) = \{x_1(s_1), x_2(s_2), \cdots, x_n(s_n)\}$$

简记为 $p_1 = \{x_1, x_2, \cdots, x_n\}$．

由第 k 阶段到最终阶段内各段决策所构成的决策序列称为第 k 子过程策略，记作 $p_k(s_k)$，即 $p_k(s_k) = \{x_k(s_k), \cdots, x_n(s_n)\}$（$k = 1, 2, \cdots, n-1$），或简记为 $p_k = \{x_k, \cdots, x_n\}$．可供选择的策略有一定的范围，称为允许策略集合，用 $P_k(s_k)$ 表

示第 k 子过程上相应于状态 s_k 的允许策略集合. 例 6.1.4 中，$P_1(A)$ 包含 18 条可能的路线.

6. 指标函数和最优值函数

用于衡量策略或决策效果的某种数量指标称为指标函数. 对应不同问题，数量指标可以是距离、利润、成本、产量和资源消耗等. 它分为阶段指标函数和过程指标函数两种.

把衡量某一阶段决策效果的数量指标称为阶段指标函数，用 $v_k(s_k,x_k)$ 表示第 k 阶段处于状态 s_k 且所作决策为 x_k 时的指标. 例 6.1.4 中的 v_k 值就是从某点到下一点的距离. 如 $v_2(B_2,C_3)=4$.

把衡量策略效果的数量指标称为过程指标函数，用 $f_k(s_k,x_k)$ 表示第 k 子过程的指标函数. $f_k(s_k,x_k)$ 与第 k 子过程上各阶段指标函数 $v_k(s_k,x_k)$ 有关，根据问题的不同，$f_k(s_k,x_k)$ 可以是各 $v_k(s_k,x_k)$ 之和、积或其他函数形式.

7. 最优解

用 $f_k^*(s_k)$ 表示第 k 子过程指标函数 $f_k(s_k,x_k)$ 在状态 s_k 下的最优值，即

$$f_k^*(s_k) = \mathop{\mathrm{opt}}_{p_k \in P_k(s_k)} \{f_k(s_k,p_k(s_k))\} \quad (k=1,2,\cdots,n)$$

其中，opt 是最优化（optimization）的缩写，可根据题意取 min 或 max. 称 $f_k^*(s_k)$ 为第 k 子过程上的最优指标函数. 与它相应的子策略称为 s_k 状态下的最优子策略，记为 $p_k^*(s_k)$，而构成该子策略的各段决策称为该过程上的最优决策，记为 $x_k^*(s_k)$，$x_{k+1}^*(s_{k+1}),\cdots,x_n^*(s_n)$. 有 $p_k^*(s_k)=\{x_k^*(s_k), x_{k+1}^*(s_{k+1}),\cdots,x_n^*(s_n)\}$，简记为 $p_k^*=\{x_k^*,x_{k+1}^*,\cdots,x_n^*\}$ （$k=1,2,\cdots,n$）.

当 $k=1$ 且 s_1 取值唯一时，$f_1^*(s_1)$ 就是问题的最优值，$p_1^*(s_1)$ 就是最优策略.

但若 s_1 取值不唯一，则问题的最优值为 $f_1^* = \mathop{\mathrm{opt}}_{s_1 \in S_1}\{f_1^*(s_1)\}=f_1^*(s_1=s_1^*)$，最优策略为 $s_1=s_1^*$ 状态下的最优策略 $p_1^*(s_1=s_1^*)=\{x_1^*(s_1^*),x_2^*,\cdots,x_n^*\}$.

6.2.2 动态规划的最优化原理

下面结合例 6.1.4 的最短路线问题阐述动态规划的基本思想与基本原理.

最短路线问题具有这样的特性：如果点 Q 到点 T 的最短路线为

$$Q=S_1 \rightarrow S_2 \rightarrow \cdots \rightarrow S_k \rightarrow S_{k+1} \rightarrow \cdots \rightarrow S_n=T$$

那么这条线路上的任一点 $S_k \rightarrow T$ 的最短路线必然包含在上述点 Q 到点 T 的最短路线中，即为 $S_k \rightarrow S_{k+1} \rightarrow \cdots \rightarrow S_n=T$. 用反证法容易证明这一点.

由于点 s_{k+1} 即第 k 段的最优决策，因此上述特性可以这样描述：若解决最短

路线问题的最优策略为 $\{s_1, s_2, \cdots, s_k, s_{k+1}, \cdots, s_n\}$ ，则从其中任一决策 s_k（$k = 1, 2, \cdots, n-1$）开始，后面各段的决策序列 $\{s_{k+1}, \cdots, s_n\}$ 必然构成第 k 段到第 n 段这一过程上的最优策略.

上述特性可以推广到一切多阶段决策问题，这就是动态规划的最优化原理，描述如下：作为整个过程的最优策略具有这样的性质，无论过去的状态和决策如何，相对于前面的决策所形成的状态而言，余下的决策序列必然构成最优策略.

也就是说，若解决某一问题的全过程最优策略为

$$p_1^* = \{x_1^*(s_1), x_2^*(s_2), \cdots, x_k^*(s_k), \cdots, x_n^*(s_n)\}$$

则对上述策略中的任一状态 s_k（$k = 1, 2, \cdots, n$）而言，第 k 子过程上对应于该状态 s_k 的最优子策略必然包含在上述全过程最优策略 p_1^* 中，即为

$$p_k^*(s_k) = \{x_k^*(s_k), \cdots, x_n^*(s_n)\}$$

这一原理是动态规划方法的核心，利用这个原理，可以把多阶段决策问题求解过程表示成一个连续的递推过程，由后向前逐步计算，从而形成了逆序递推法. 该法的关键在于给出一种递推关系. 一般把这种递推关系称为动态规划的函数基本方程.

动态规划的函数基本方程为

$$\begin{cases} f_{n+1}^*(s_{n+1}) = 0 \text{或} 1 \\ f_k^*(x_k) = \underset{x_k \in X_k(s_k)}{\operatorname{opt}} \{v_k(s_k, x_k) \otimes f_{k+1}(s_{k+1})\} \ (k = n, \cdots, 1) \end{cases}$$

在上述方程中，当 $\otimes$ 为加法时取 $f_{n+1}^*(s_{n+1}) = 0$ ；当 $\otimes$ 为乘法时，取 $f_{n+1}^*(s_{n+1}) = 1$.

6.3 动态规划的模型及求解

6.3.1 动态规划模型的建立

如果一个问题能用动态规划方法求解，那么可以按下列步骤，首先建立起动态规划模型：

（1）将过程划分成恰当的阶段.

（2）正确选择状态变量 s_k ，一般地，状态变量的选择是从过程演变的特点中寻找，同时确定允许状态集合 S_k .

（3）确定决策变量 x_k 和允许决策集合 $X_k(s_k)$ ，在每一阶段肯定要作出决策，通常选择所求解问题的关键变量作为决策变量，同时给出决策变量的取值范围，

即确定允许决策集合.

（4）写出状态转移方程.

（5）写出阶段指标函数 $v_k(s_k, x_k)$ 和过程指标函数 $f_k(s_k)$.

（6）写出函数基本方程.

6.3.2 动态规划的求解方法

针对多阶段决策问题的基本特征，Bellman 提出了求解动态规划的两种基本方法：逆序递推法和顺序递推法.

逆序递推法的基本思想是：从最终阶段开始，逆着实际过程的进展方向逐段求解，在每段求解中都要利用刚求解完那段的结果，如此连续递推，直到初始阶段求出结果为止.

下面通过求解例 6.1.4，阐明逆序递推法的基本思路.

第四阶段，由点 D_1 到终点 E 只有一条路线，其长度 $f_4^*(D_1) = 5$，由点 D_2 到终点 E 只有一条路线，其长度 $f_4^*(D_2) = 2$.

第三阶段，若从点 C_1 出发，则从点 C_1 到终点 E 的路线可能有两条：$C_1 \to D_1 \to E$ 和 $C_1 \to D_2 \to E$. 从这两条路线中选取最短的一条，即

$$f_3^*(C_1) = \min \begin{Bmatrix} v_3(C_1, D_1) + f_4^*(D_1) \\ v_3(C_1, D_2) + f_4^*(D_2) \end{Bmatrix} = \min \begin{Bmatrix} 3+5 \\ 5+2 \end{Bmatrix} = \min \begin{Bmatrix} 8 \\ 7 \end{Bmatrix} = 7$$

因此从点 C_1 到终点 E 的最优路线为 $C_1 \to D_2 \to E$，最短距离为 7.

若从点 C_2 出发，则最优决策为

$$f_3^*(C_2) = \min \begin{Bmatrix} v_3(C_2, D_1) + f_4^*(D_1) \\ v_3(C_2, D_2) + f_4^*(D_2) \end{Bmatrix} = \min \begin{Bmatrix} 5+5 \\ 4+2 \end{Bmatrix} = \min \begin{Bmatrix} 10 \\ 6 \end{Bmatrix} = 6$$

从点 C_2 到终点 E 的最优路线为 $C_2 \to D_2 \to E$，最短距离为 6.

若从点 C_3 出发，则最优决策为

$$f_3^*(C_3) = \min \begin{Bmatrix} v_3(C_3, D_1) + f_4^*(D_1) \\ v_3(C_3, D_2) + f_4^*(D_2) \end{Bmatrix} = \min \begin{Bmatrix} 8+5 \\ 10+2 \end{Bmatrix} = \min \begin{Bmatrix} 13 \\ 12 \end{Bmatrix} = 12$$

从点 C_3 到终点 E 的最优路线为 $C_3 \to D_2 \to E$，最短距离为 12.

第二阶段，从点 B_1 到终点 E 的最优决策为

$$f_2^*(B_1) = \min \begin{Bmatrix} v_2(B_1, C_1) + f_3^*(C_1) \\ v_2(B_1, C_2) + f_3^*(C_2) \\ v_2(B_1, C_3) + f_3^*(C_3) \end{Bmatrix} = \min \begin{Bmatrix} 7+7 \\ 4+6 \\ 6+12 \end{Bmatrix} = \min \begin{Bmatrix} 14 \\ 10 \\ 18 \end{Bmatrix} = 10$$

即从点 B_1 到终点 E 的最短路线为 $B_1 \rightarrow C_2 \rightarrow D_2 \rightarrow E$，最短距离为 10.

从点 B_2 到终点 E 的最优决策为

$$f_2^*(B_2) = \min\begin{cases} v_2(B_2,C_1)+f_3^*(C_1) \\ v_2(B_2,C_2)+f_3^*(C_2) \\ v_2(B_2,C_3)+f_3^*(C_3) \end{cases} = \min\begin{cases} 6+7 \\ 10+6 \\ 4+12 \end{cases} = \min\begin{cases} 13 \\ 16 \\ 16 \end{cases} = 13$$

即从点 B_2 到终点 E 的最短路线为 $B_2 \rightarrow C_1 \rightarrow D_2 \rightarrow E$，最短距离为 13.

从点 B_3 到终点 E 的最优决策为

$$f_2^*(B_3) = \min\begin{cases} v_2(B_3,C_1)+f_3^*(C_1) \\ v_2(B_3,C_2)+f_3^*(C_2) \\ v_2(B_3,C_3)+f_3^*(C_3) \end{cases} = \min\begin{cases} 4+7 \\ 1+6 \\ 5+12 \end{cases} = \min\begin{cases} 11 \\ 7 \\ 17 \end{cases} = 7$$

即从点 B_3 到终点 E 的最短路线为 $B_3 \rightarrow C_2 \rightarrow D_2 \rightarrow E$，最短距离为 7.

第一阶段，从始点 A 到终点 E 的最优决策为

$$f_1^*(A) = \min\begin{cases} v_1(A,B_1)+f_2^*(B_1) \\ v_1(A,B_2)+f_2^*(B_2) \\ v_1(A,B_3)+f_2^*(B_3) \end{cases} = \min\begin{cases} 4+10 \\ 5+13 \\ 6+7 \end{cases} = \min\begin{cases} 14 \\ 18 \\ 13 \end{cases} = 13$$

即从始点 A 到终点 E 的最短路线为 $A \rightarrow B_3 \rightarrow C_2 \rightarrow D_2 \rightarrow E$，最短距离为 13.

6.3.3 用 Lingo 软件求解动态规划问题

动态规划问题中，有些问题属于组合优化问题，将它们转化成线性规划模型后，可以用 Lingo 软件求解.

下面给出例 6.1.4 的 Lingo 程序进行说明.

```
sets:
cities/a,b1,b2,b3,c1,c2,c3,d1,d2,e/;
roads(cities,cities)/a,b1 a,b2 a,b3 b1,c1 b1,c2 b1,c3
b2,c1 b2,c2 b2,c3 b3,c1 b3,c2 b3,c3 c1,d1 c1,d2 c2,d1 c2,d2
c3,d1 c3,d2 d1,e d2,e/:W,X;
endsets
data:
   W=2 5 1 7 4 6 6 10 4 4 1 5 3 5 5 4 8 10 5 2;
enddata
N=@SIZE(CITIES);
MIN=@SUM(ROADS:W*X);
@FOR(CITIES(I) | I #GT# 1 #AND# I #LT# N:
@SUM(ROADS(I,J): X(I,J))=@SUM(ROADS(J,I): X(J,I)));
```

@SUM(ROADS(I,J)|I #EQ# 1:X(I,J))=1;
@SUM(ROADS(I,J)|J #EQ# N:X(I,J))=1;

通过 Lingo 求解，输出结果如下（只列出相关部分）：

Objective value:		8.000000
Variable	Value	Reduced Cost
X(A,B1)	0.000000	0.000000
X(A,B2)	0.000000	0.000000
X(A,B3)	1.000000	0.000000
X(B1,C1)	0.000000	4.000000
X(B1,C2)	0.000000	4.000000
X(B1,C3)	0.000000	2.000000
X(B2,C1)	0.000000	6.000000
X(B2,C2)	0.000000	13.00000
X(B2,C3)	0.000000	3.000000
X(B3,C1)	0.000000	0.000000
X(B3,C2)	1.000000	0.000000
X(B3,C3)	0.000000	0.000000
X(C1,D1)	0.000000	5.000000
X(C1,D2)	0.000000	4.000000
X(C2,D1)	0.000000	4.000000
X(C2,D2)	1.000000	0.000000
X(C3,D1)	0.000000	11.00000
X(C3,D2)	0.000000	10.00000
X(D1,E)	0.000000	0.000000
X(D2,E)	1.000000	0.000000

由上述输出结果可以看出，Objective value（目标函数值）为 8. 即从始点 A 到终点 E 的最短距离为 8. X(A,B3)=1，X(B3,C2)=1，X(C2,D2)=1，X(D2,E)=1，即从始点 A 到终点 E 的最短路线为 $A \to B_3 \to C_2 \to D_2 \to E$.

6.4 动态规划的应用

动态规划应用十分广泛，本节通过几个具体实例展示它在管理领域的应用，并进一步阐述动态规划方法.

需要说明的是，与线性规划相比，动态规划没有一个标准的数学模型与算法，从这个意义上来说，动态规划是一种分析问题、思考问题的途径，是一种求解思路，注重决策过程，而不是一种算法，不同的问题得到的模型也不一样，学习动态规划就是要掌握它的这种原理和思路，分析问题的条件，针对不同的问题建立相应的数学模型，设计具体的求解方法.

6.4.1　资源分配问题

例 6.4.1　某公司拟将 3 台设备分配给下属的 A、B、C 这 3 个分公司使用. 每个分公司分得不同台数的设备后，每年预计创造的利润（万元）见表 6-3. 问该公司应如何分配这 3 台设备，才能使每年预计创造的利润总额最大？

表 6-3

设备数/台	分公司		
	A	B	C
	每年预计创造的利润/万元		
0	0	0	0
1	4	5	4
2	7	10	6
3	9	11	11

解　（1）建立动态规划的数学模型.

以 $k=1,2,3$ 表示给 A、B、C 三个分公司分配的顺序.

设 s_k 表示在给第 k 个分公司分配时尚未分配出去的设备台数.

x_k 表示分配给第 k 个分公司的设备台数.

状态转移方程为：$s_{k+1}=s_k-x_k$.

$v_k(s_k,x_k)$ 表示将现有 s_k 台设备中的 x_k 台设备分配给第 k 个分公司后预计创造的利润.

$f_k(s_k,x_k)$ 表示将现有 s_k 台设备分配给第 k 个到第三个分公司后预计创造的利润.

函数基本方程为

$$\begin{cases} f_4^*(s_4)=0 \\ f_k^*(s_k)=\max_{x_k\in X_k}\{v_k(s_k,x_k)+f_{k+1}^*(s_{k+1})\} \quad (k=3,2,1) \end{cases}$$

（2）按逆序递推法逐段求解.

1）$k=3$. 第三阶段表示已给 A、B 分公司分配完毕后再给 C 分公司分配，s_3 表示在给 C 分公司分配时尚未分配出去的设备台数，则

$$s_3=0,1,2,3,\quad 0\leqslant x_3\leqslant s_3,\quad f_3^*(s_3)=\max_{0\leqslant x_3\leqslant s_3}\{v_3(s_3,x_3)\}$$

计算过程见表 6-4.

表 6-4

s_3	x_3				$f_3^*(s_3)$	x_3^*
	0	1	2	3		
	$v_3(s_3, x_3)$					
0	0				0	0
1	0	4			4	1
2	0	4	6		6	2
3	0	4	6	11	11	3

表中 x_3^* 表示使 $f_3(s_3)$ 为最大时的最优决策.

2）$k = 2$. 第二阶段表示给 A 分公司分配完毕后再给 B 分公司分配，s_2 表示在给 B 分公司分配时尚未分配出去的设备台数，则

$$s_2 = 0, 1, 2, 3 , \quad 0 \leqslant x_2 \leqslant s_2 , \quad f_2^*(s_2) = \max_{0 \leqslant x_2 \leqslant s_2} \{ v_2(s_2, x_2) + f_3^*(s_3) \}$$

计算过程见表 6-5.

表 6-5

s_2	x_2				$f_2^*(s_2)$	x_2^*
	0	1	2	3		
	$v_2(s_2, x_2) + f_3^*(s_3)$					
0	0				0	0
1	0+4	5+0			5	1
2	0+6	5+4	10+0		10	2
3	0+11	5+6	10+4	11+0	14	2

3）$k = 1$. 第一阶段表示给 A 分公司分配，s_1 表示在给 A 分公司分配时尚未分配出去的设备台数，则

$$s_1 = 3 , \quad 0 \leqslant x_1 \leqslant s_1 , \quad f_1^*(s_1) = \max_{0 \leqslant x_1 \leqslant s_1} \{ v_1(s_1, x_1) + f_2^*(s_2) \}$$

计算过程见表 6-6.

表 6-6

s_1	x_1				$f_1^*(s_1)$	x_1^*
	0	1	2	3		
	$v_1(s_1, x_1) + f_2^*(s_2)$					
3	0+14	4+10	7+5	9+0	14	0,1

（3）顺序递推，得出结论．

按 $k=1,2,3$ 的顺序，查看各表的 s_k 列与 x_k^* 列，并按照 $s_{k+1}=s_k-x_k^*$ 的状态转移规律，可得最优分配方案．

根据表 6-6 可知 x_1^* 可以取值为 0 或者 1，因此最优分配方案有两个．

当 $x_1^*=0$ 时，根据 $s_2=s_1-x_1^*=3-0=3$，查表 6-5 知 $x_2^*=2$，由 $s_3=s_2-x_2^*=3-2=1$，查表 6-4 知 $x_3^*=1$．即 A 分公司不分配设备，B 分公司分配 2 台，C 分公司分配 1 台．

当 $x_1^*=1$ 时，根据 $s_2=s_1-x_1^*=3-1=2$，查表 6-5 知 $x_2^*=2$，由 $s_3=s_2-x_2^*=2-2=0$，故 $x_3^*=0$．即 A 分公司分配 1 台，B 分公司分配 2 台，C 分公司不分配设备．

以上两个分配方案均能使每年预计创造的利润总额最大，为 14 万元．

该问题可以用 Lingo 软件求解，编写程序如下：

```
sets:
user/1..3/;
amout/1..4/;
arcs(user,amout):benefit,status,selection;
endsets
data:
benefit= 0   4   7   9
         0   5   10  11
         0   4   6   11;
status=  0   1   2   3
         0   1   2   3
         0   1   2   3;
enddata
max=@sum(arcs(i,j):benefit(i,j)*selection(i,j));
@for(arcs:@bin(selection));
@for(user(i):@sum(arcs(i,k):selection(i,k))=1);
@sum(arcs(i,j):status(i,j)*selection(i,j))=3;
```

通过 Lingo 求解，输出结果为（只列出相关部分）：

Objective value:	14.00000	
Variable	Value	Reduced Cost
SELECTION(1,1)	0.000000	0.000000
SELECTION(1,2)	1.000000	-4.000000
SELECTION(1,3)	0.000000	-7.000000
SELECTION(1,4)	0.000000	-9.000000
SELECTION(2,1)	0.000000	0.000000

SELECTION(2,2)	0.000000	-5.000000
SELECTION(2,3)	1.000000	-10.00000
SELECTION(2,4)	0.000000	-11.00000
SELECTION(3,1)	1.000000	0.000000
SELECTION(3,2)	0.000000	-4.000000
SELECTION(3,3)	0.000000	-6.000000
SELECTION(3,4)	0.000000	-11.00000

由上述输出结果可以看出，Objective value （目标函数值）为 14，即每年预计创造的最大利润总额为 14 万元．SELECTION(1,2)=1，SELECTION(2,3)=1，SELECTION(3,1)=1，即最优分配方案为 A 公司分得 1 台设备，B 公司分得 2 台，C 公司 0 台．

6.4.2 机器负荷分配问题

例 6.4.2 设有 1000 台同一规格的完好机器，每台机器全年在高负荷下运行可创利 1 万元，机器的完好率为 0.75；在低负荷下运行可创利 8 千元，机器的完好率为 0.9．试拟订一个连续 5 年的分配计划，使总利润最大．

解

（1）建立动态规划的数学模型．

阶段 k 表示运行年份（ $k = 1, 2, \cdots, 5$ ）．

状态变量 s_k 表示第 k 年年初完好的机器数（ $k = 1, 2, \cdots, 5$ ），也是第 $k-1$ 年年末完好的机器数，$s_1 = 1000$ ．

决策变量 x_k 表示第 k 年年初投入高负荷运行的机器数．

允许决策集合为 $X_k(s_k) = \{x_k \mid 0 \leqslant x_k \leqslant s_k\}$ ．

状态转移方程为 $s_{k+1} = 0.75x_k + 0.9(s_k - x_k) = 0.9s_k - 0.15x_k$ ．

阶段指标函数为 $v_k(s_k, x_k) = 10x_k + 8(s_k - x_k) = 8s_k + 2x_k$ ．

过程指标函数为 $f_k(s_k, x_k) = \sum_{i=k}^{5} v_i(s_i, x_i)$ ．

函数基本方程：

$$\begin{cases} f_6^*(s_6) = 0 \\ f_k^*(s_k) = \max\limits_{0 \leqslant x_k \leqslant s_k} \{2x_k + 8s_k + f_{k+1}^*(0.9s_k - 0.15x_k)\} & (k = 5, 4, \cdots, 1) \end{cases}$$

（2）逆序递推求解．

1） $k = 5$ ，有

$$f_5^*(s_5) = \max_{0 \leqslant x_5 \leqslant s_5} \{2x_5 + 8s_5 + f_6^*(s_6)\} = \max_{0 \leqslant x_5 \leqslant s_5} \{2x_5 + 8s_5\}$$

因为 $2x_5+8s_5$ 为关于 x_5 的线性单调递增函数，故有

$$x_5^*=s_5, f_5^*(s_5)=10s_5$$

2）$k=4$，有

$$f_4^*(s_4)=\max_{0\leqslant x_4\leqslant s_4}\{2x_4+8s_4+f_5^*(s_5)\}=\max_{0\leqslant x_4\leqslant s_4}\{0.5x_4+17s_4\}$$

且 $x_4^*=s_4$，$f_4^*(s_4)=17.5s_4$.

3）$k=3$，有

$$f_3^*(s_3)=\max_{0\leqslant x_3\leqslant s_3}\{2x_3+8s_3+f_4^*(s_4)\}=\max_{0\leqslant x_3\leqslant s_3}\{-0.625x_3+23.75s_3\}$$

且 $x_3^*=0$，$f_3^*(s_3)=23.75s_3$.

4）$k=2$，有

$$f_2^*(s_2)=\max_{0\leqslant x_2\leqslant s_2}\{2x_2+8s_2+f_3^*(s_3)\}=\max_{0\leqslant x_2\leqslant s_2}\{-1.5625x_2+29.375s_2\}$$

且 $x_2^*=0$，$f_2^*(s_2)=29.375s_2$.

5）$k=1$，有

$$f_1^*(s_1)=\max_{0\leqslant x_1\leqslant s_1}\{2x_1+8s_1+f_2^*(s_2)\}=\max_{0\leqslant x_1\leqslant s_1}\{-2.406x_1+34.4375s_1\}$$

且 $x_1^*=0$，$f_1^*(s_1)=34.4375s_1$.

因 $s_1=1000$，故 $f_1^*(s_1)=34437.5$（千元）.

最优策略为 $x_1^*=x_2^*=x_3^*=0, x_4^*=s_4, x_5^*=s_5$.

这样分配能使这 5 年的总利润最大，最大值为 34437.5 千元.

即机器的最优分配策略为：第一年至第三年将机器全部用于低负荷运行，第四年和第五年将机器全部用于高负荷运行.

为求出 5 年内每年投入高、低负荷下运行的完好机器数以及每年年初的完好机器数，可按状态转移方程顺序递推，结果如下：

$$s_1=1000$$

$$x_1^*=0,\qquad s_2=0.75x_1+0.9(s_1-x_1)=900$$

$$x_2^*=0,\qquad s_3=0.75x_2+0.9(s_2-x_2)=810$$

$$x_3^*=0,\qquad s_4=0.75x_3+0.9(s_3-x_3)=729$$

$$x_4^*=s_4=729,\qquad s_5=0.75x_4+0.9(s_4-x_4)=546.75$$

$$x_5^*=s_5=546.75,\qquad s_6=0.75x_5+0.9(s_5-x_5)=410$$

该问题可以用 Lingo 软件求解，编写程序如下：

```
sets:
stage/1..5/:x,y;
```

```
endsets
data:
c1=10;c2=8;
a1=0.75;a2=0.9;
enddata
max=@sum(stage:c1*x+c2*y);
n=@size(stage);
@for(stage(k)|k #lt# n:
x(k+1)+y(k+1)<=a1*x(k)+a2*y(k));
x(1)+y(1)<=1000;
```

通过 Lingo 求解，输出结果如下（只列出相关部分）：

Objective value:	34437.50	
Variable	Value	Reduced Cost
X(1)	0.000000	2.406250
X(2)	0.000000	1.562500
X(3)	0.000000	0.6250000
X(4)	729.0000	0.000000
X(5)	546.7500	0.000000

即机器的最优分配策略为：第一年至第三年将机器全部用于低负荷运行，第四年和第五将机器全部用于高负荷运行．这样分配能使这 5 年的总利润最大，最大值为 34437.5 千元.

习　题　6

1. 试用逆序递推法计算图 6-2 中起点到终点的最短路线及长度.

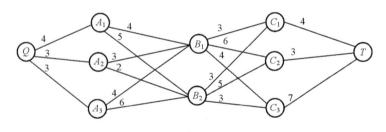

图 6-2

2. 某跨国公司打算在 3 个不同的国家设置 4 个销售中心,根据市场部门估计,在不同国家设置不同数量的销售中心,每月可得到的利润见表 6-7. 试问在各国如何设置销售中心可使每月总利润最大？

表 6-7

国家	销售中心数量			
	1	2	3	4
	每月得到的利润/百万元			
1	15	24	31	32
2	12	17	21	22
3	10	14	16	17

3．某公司有资金 4 百万元，可向 A、B、C 三个项目投资，已知各项目不同投资的相关效益值见表 6-8，问：如何分配资金可使总效益最大？

表 6-8

项目	投资额/百万元			
	1	2	3	4
	相应效益值/百万元			
A	41	48	60	60
B	42	50	60	66
C	64	68	78	76

4．某快餐店计划在某城市的 3 个区建立 5 个分店．由于各个区的地理位置、交通状况以及居民的构成等因素不同，因此各区的经营状况也有差异．经营者通过市场调查后，估计了在不同区建立分店的利润，见表 6-9．试问在各区应建立多少分店，使得总利润最大．

表 6-9

区	分店数/个				
	1	2	3	4	5
	利润/十万元				
一区	3	7	12	14	15
二区	5	10	14	16	16
三区	4	7	9	10	11

5．某厂有 100 台同样的机器，4 年后将被淘汰．该种机器可用于两种不同的工作，用于第一种工作时，每台机器的年收益为 9 万元，但机器的报废率高，每年将有 1/3 的机器报废；用于第二种工作时，每台机器的年收益为 5 万元，每年的机

器报废率为 1/5. 问应怎样安排工作任务, 才能使机器在 4 年中获得最大的收益?

6. 某港口有某种设备 125 台, 根据估计, 这种设备 5 年后将被其他新设备所代替. 如该设备在高负荷下工作, 年损坏率为 50%, 年利润为 10 万元; 如在低负荷下工作, 年损坏率为 20%, 年利润为 6 万元. 问应如何安排这些装卸设备的生产负荷, 才能使得 5 年内获得的利润最大?

7. 某工厂有 1000 台大型加工机器, 用于加工甲、乙两种产品. 根据以往的经验, 这些设备都用于加工甲产品时, 每月损坏率为 30%; 用于加工乙产品时, 每月损坏率为 10%, 且损坏后当年无法恢复. 每台机器用于加工甲产品时, 每月可以获利 800 元, 用于加工乙产品则每月获利 500 元. 问如何安排甲、乙两种产品的设备台时, 才能使得 5 个月的获利最大?

8. 设某机器可在高、低两种负荷下生产. 若机器在高负荷下生产, 产品的年产量 a 和投入生产的机器数量 x 的关系为 $a=8x$, 机器的年折损率为 0.3; 若机器在低负荷下生产, 产品年产量 b 和投入生产的机器数量 x 的关系为 $b=5x$, 机器的年折损率为 0.1. 设开始时有 1000 台完好机器, 要求制订一个 4 年计划, 每年年初分配完好机器在不同负荷下工作, 使 4 年总产量达到最大.

9. 某企业有 1000 单位的资源, 拟分 4 个周期使用, 在每个周期有生产任务 A 和 B. 把资源用于生产任务 A, 每单位能获利 100 元, 资源回收率为 3/4. 把资源用于生产任务 B, 每单位能获利 70 元, 资源回收率为 9/10. 问每个周期应如何分配资源, 才能使总收益达到最大?

10. 一个旅行者携带背包去旅行, 有 3 种物品可供选择携带, 装物品的背包容量有限, 总重量不能超过 20 千克. 物品的单件质量及价值见表 6-10, 试问旅行者如何选择物品可使包内物品的总价值最大? 只建立动态规划的数学模型, 不求解.

表 6-10

物品	A	B	C
单件质量/千克	6	5	5
单件价值/元	5	4	3

案　例

案例 1　保安巡逻问题

某保安部门有 12 支保安队伍负责 4 个小区的巡逻. 按规定, 对每个小区可分别派 2～4 支队伍巡逻．由于所派队伍数量上的差异，各小区一年内预期发生事故的次数见表 6-11．请应用动态规划方法确定派往各小区的保安队数，使预期事故的总次数最少．

表 6-11

保安队数	小区			
	1	2	3	4
	各小区一年内预期发生事故的次数			
2	17	37	13	33
3	15	35	12	30
4	11	29	10	24

案例 2　汽车选购问题

李华刚参加工作不久，对 SJK-4 型汽车情有独钟，准备买一辆使用了 3 年的 SJK-4 型二手车，价格为 7 万元．一年后可以继续使用该车，也可以卖掉购买新车．通过市场调查和预测，得到相关信息如下：

（1）该车第一年年初的价格为 10 万元，以后逐年降价，第二年到第五年的降价幅度分别为 4%、4%、6%、7%．第 t 年的价格为 $Pt, t = 1, 2, \cdots$．

（2）购新车必须支付 10%的各项税费．

（3）该车第 t 年的维护费用 Wt 是使用年限 t 的函数，$Wt = 0.8t$．

（4）汽车年折旧率为 15%．

请为李华制定一个 5 年的购车方案，使 5 年的总成本最低．

第7章 图与网络分析

本章学习目标

- 理解图及其相关的概念（图的基本概念与模型）.
- 掌握最小树、最短路、最大流问题的特点.
- 熟练掌握上述问题的求解方法与思路.
- 培养根据实际问题抽象出适当的图论模型并加以解决的能力.

7.1 图的基本概念

图论是运筹学中最早形成的一个分支，迄今已有二百多年的历史，它是建立和处理离散数学模型的一个重要工具．现实中很多问题都可以用图形的方式形象直观地描述和分析．为了反映事物之间的关系，人们常常用点和线来画出各种各样的示意图.

例如，图 7-1 所示是北京、上海、广州、济南 4 个城市之间的民用航空线路图．这里用点表示城市，用点与点之间的线表示城市之间的航线.

在篮球比赛中，5 支球队进行循环赛，用点 A、B、C、D、E 表示这 5 支球队，已知 A 队战胜了 D、E 队，B 队战胜了 A、E、D 队，它们之间的比赛情况可以用图 7-2 所示的有向图反映出来.

图 7-1

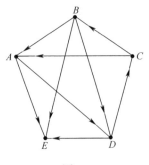

图 7-2

由此可见，图论中的图是由点和连接这些点的线组成的．点与点之间不带箭头的线称为边，带箭头的线称为弧．

若一个图由点和边所构成，则称之为无向图，记作 $G = (V, E)$，其中：

（1）V 是一个非空的集合，其元素称为图 G 的顶点，V 称为 G 的顶点集，记为 $V = \{v_1, v_2, \cdots, v_n\}$．

（2）E 是由 V 中点与点之间的连线构成的集合，其元素称为 G 的边，表示为 $e = (v_i, v_j)$ 或 $e = (v_j, v_i)$，E 称为 G 的边集，记为 $E = \{e_1, e_2, \cdots, e_m\}$．

若一个图由点和弧所构成，则称之为有向图，记作 $D = (V, A)$，其中 V 表示有向图 D 的顶点集，A 表示有向图 D 的弧集．一条方向从 v_i 指向 v_j 的弧记作 $a = (v_i, v_j)$．

图 7-3 是一个无向图，记为 $G = (V, E)$，图中

$$V = \{v_1, v_2, v_3, v_4\},\ E = \{e_1, e_2, e_3, e_4, e_5, e_6\}$$

$$e_1 = (v_1, v_2),\ e_2 = (v_1, v_3),\ e_3 = (v_1, v_3),\ e_4 = (v_2, v_4),\ e_5 = (v_3, v_4),\ e_6 = (v_4, v_4)$$

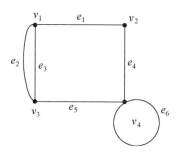

图 7-3

图 7-4 是一个有向图，记为 $D = (V, A)$，图中

$$V = \{v_1, v_2, v_3, v_4\},\ A = \{a_1, a_2, a_3, a_4, a_5, a_6, a_7, a_8\}$$

$$a_1 = (v_2, v_1),\ a_2 = (v_1, v_4),\ a_3 = (v_3, v_1),\ a_4 = (v_2, v_3)$$

$$a_5 = (v_3, v_4),\ a_6 = (v_4, v_3),\ a_7 = (v_4, v_5),\ a_8 = (v_3, v_5)$$

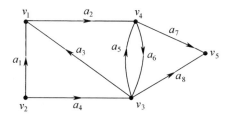

图 7-4

下面介绍一些常用的术语.

如果 $(v_i, v_j) \in E$ ，那么称 v_i 、 v_j 是边的**端点**，或者 v_i 、 v_j 是**相邻**的. 若一个图 G 中一条边的两个端点是相同的，则称这条边为**环**，如图 7-3 中的边 e_6 为环. 若两个端点之间有两条及以上的边，则称它们为**多重边**，如图 7-3 中的边 e_2 、 e_3 为多重边. 一个无环、无多重边的图称之为**简单图**.

以点 v 为端点的边的个数称为点 v 的次，记作 $d(v)$. 如图 7-3 中， $d(v_4) = 4$ ， $d(v_1) = 3$. 次为 0 的点称为孤立点，次为 1 的点称为悬挂点. 次为奇数的点称为奇点，次为偶数的点称为偶点.

在一个图 $G = (V, E)$ 中，称点和边的交错序列 $(v_{i_1}, e_{j_1}, v_{i_2}, e_{j_2}, \cdots, v_{i_{k-1}}, e_{j_{k-1}}, v_{i_k})$ 为连接 v_{i_1} 和 v_{i_k} 的一条**链**，其中 $e_{j_t} = (v_{i_t}, v_{i_{t+1}})$ （ $t = 1, \cdots, k-1$ ），记作 $\mu = v_{i_1} v_{i_2} \cdots v_{i_k}$. 在链 μ 中，若除 $v_{i_1} = v_{i_k}$ 外，任意两点均不相同，则称 μ 为一个**圈**. 例如在图 7-3 中， $\mu_1 = v_1 v_3 v_4 v_2$ 是一条链， $\mu_2 = v_1 v_3 v_4 v_2 v_1$ 是一个圈.

如果在图 G 中的任意两个点之间至少存在一条链，那么称图 G 为**连通图**，否则称为不连通图. 例如，图 7-1 至图 7-4 都是连通图，图 7-5 是不连通图.

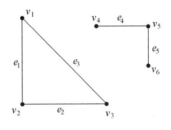

图 7-5

给定一个图 $G = (V, E)$ ，如果图 $G' = (V', E')$ 满足 $V' = V$ ， $E' \subseteq E$ ，那么称图 G' 是 G 的一个**支撑子图**. 例如，图 7-6 中，图（a）、（b）、（c）都是图（a）的支撑子图，而图（d）不是，因为少了点 v_3 .

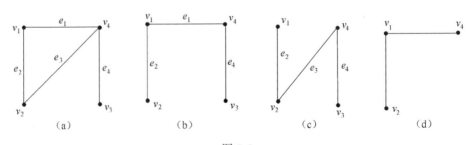

（a）   （b）   （c）   （d）

图 7-6

下面介绍有向图的一些概念.

在有向图 $D=(V,A)$ 中，在 D 中去掉所有弧的箭头所得到的无向图，称为 D 的基础图，记为 $G(D)$.

设 $(v_{i_1},a_{j_1},v_{i_2},a_{j_2},\cdots,v_{i_{k-1}},a_{j_{k-1}},v_{i_k})$ 是有向图 $D=(V,A)$ 中的一个点弧交错序列，如果它在 D 的基础图中对应的点边交错序列是一条链，那么称这个点弧交错序列是有向图 D 的一条链.

如果 $(v_{i_1},a_{j_1},v_{i_2},a_{j_2},\cdots,v_{i_{k-1}},a_{j_{k-1}},v_{i_k})$ 是有向图 D 的一条链，且链上各弧的箭头方向全部与链的方向一致，即对 $t=1,2,\cdots,k$ ，均有 $a_{j_t}=(v_{i_t},v_{i_{t+1}})$ ，那么称它是从 v_{i_1} 到 v_{i_k} 的一条**路**；若路的第一个顶点和最后一个顶点相同，即 $v_{i_1}=v_{i_k}$ ，其他顶点皆不相同，则称之为**回路**.

例如，图 7-4 中，$\mu_1=v_1v_4v_3v_5$ 是从 v_1 到 v_5 的一条路，$\mu_2=v_3v_1v_4v_3$ 是一个回路，$\mu_3=v_1v_2v_3v_5$ 是从 v_1 到 v_5 的一条链，但不是路.

若给一个图 $G=(V,E)$ 的每一条边 (v_i,v_j) 都赋予唯一实数 w_{ij} ，称为边 (v_i,v_j) 的权数，则称这样的图为**赋权图**（赋权无向图）.

在有向图 $D=(V,A)$ 中，每一条弧 (v_i,v_j) 加上权数，此时有向图为**赋权图**（赋权有向图）.

通常把这种赋权图称为网络. 赋权无向图称为无向网络，赋权有向图称为有向网络.

实际问题中，权数用来表达一定的实际含义. 例如，图 7-7 所示的网络表示某地 6 个村之间的现有交通道路，边旁数字为各村之间道路的长度.

图 7-7

所谓网络分析，概括地说，即对网络进行定性和定量分析，以便为实现某种优化目标而寻求最优方案.

网络分析主要研究的典型问题有：最小树问题、最短路问题、最大流问题、最小费用最大流问题、旅行售货员问题、中国邮递员问题等. 本章主要介绍最小树问题、最短路问题、最大流问题.

7.2 最小树问题

最小树问题是赋权图上的最优化问题之一. 在实际生活中, 经常会碰到这样一些问题, 例如如何架设通信网络使需要通话的点连接起来, 使总连接长度最短? 如何修筑渠道将水源和若干待灌溉土地连通起来使资源消耗最低; 在资源有限的情况下, 如何修筑一些公路把若干个城市连接起来; 等等. 这些问题都可以转化为求网络的最小树问题.

7.2.1 最小树的定义

1. 树

一个连通无圈的简单图称为树, 记为 T. 图 7-8 中的图都是树.

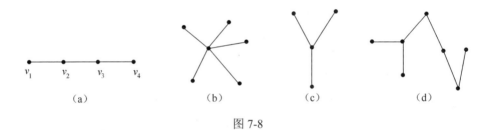

图 7-8

如果再多一条边就不是树了, 因为出现了圈.

树是图论中的一个重要概念, 利用树图可以很简单地解决线路网设计等问题. 电网要连通村村户户, 网线就是一棵树. 一个家族的家谱, 一个单位的组织结构, 一个城镇的电话线路等都可以用树表示.

2. 图的支撑树

若图 G 的一个支撑子图 T 是树, 则称 T 为图 G 的一棵支撑树. 图 7-9 中, T_1、T_2、T_3 是图 G 的支撑树.

图 7-9

3. 网络最小支撑树

设 $T_k=(V,E_k)$ 是网络 $N=(G,w)$ 的一棵支撑树，则边集 E_k 中所有边的权数之和称为树 T_k 的权数，网络 N 的最小支撑树是指网络 N 的所有支撑树中，权数最小的那棵，记为 $T*$. 网络最小支撑树简称最小树，最小树的权数记为 $w(T*)$.

7.2.2　最小树的求法

1. 破圈法

破圈法的基本思想就是在图中找圈，找到一个圈后，将组成该圈的各边中权数最大的边去掉，破除这个圈，然后寻找下一个圈，一直重复此过程，直到图中不含圈为止，即得到最小树.

例 7.2.1　用破圈法求图 7-10 中网络的最小树.

解　在图 7-10 所示网络中任取一圈，例如 (v_1,v_2,v_3,v_1)，去掉这个圈中权最大的边 (v_1,v_3)，再取一个圈 (v_1,v_2,v_3,v_4,v_1)，去掉边 (v_1,v_4). 一直重复这个步骤，直到得到一个不含圈的图，如图 7-11 所示，就是最小树，$w(T^*)=9$.

图 7-10

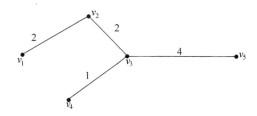

图 7-11

2. 避圈法

避圈法的基本思想与破圈法相反. 去掉图的所有边，将图的所有点 $v_1,v_2,\cdots,v_n$ 作为一个支撑图，将所有的边按权数由小到大的顺序排列，然后按权数由小到大的顺序依次检查，若某条边加到图上不会产生圈，则将其加到图上，反之则舍弃，当所有点都连通（有 $n-1$ 条边）时即得到最小树.

例 7.2.2   用避圈法求图 7-10 中网络的最小树.

解   将所有边按权数由小到大的顺序排列：$(v_3,v_4)=1$，$(v_1,v_2)=2$，$(v_2,v_3)=2$，$(v_1,v_4)=3$，$(v_1,v_3)=4$，$(v_3,v_5)=4$，$(v_4,v_5)=5$，$(v_2,v_5)=6$.

去掉所有边得到支撑图 7-12（a），首先添加最短边 (v_3,v_4)，再添加 (v_1,v_2)，依次进行下去，如图 7-12（b）～（e）所示，最后所有点都连通起来，得到最小树.

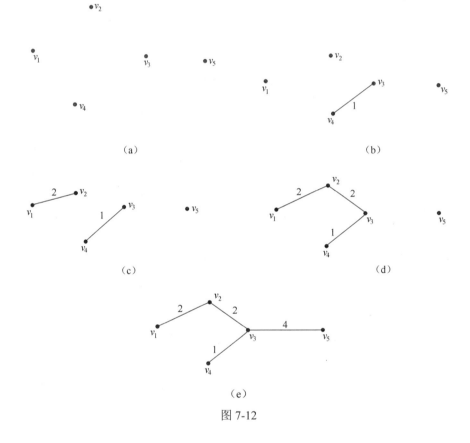

图 7-12

7.2.3   用 Lingo 软件求解最小树问题

下面结合本节实例来说明如何使用 Lingo 软件进行编程求解最小树问题.

例 7.2.3   用 Lingo 软件求解图 7-10 中网络的最小树.

解   求解图 7-10 中网络最小树的 Lingo 程序如下：

```
model:
```

```
Sets:
City/1..5/:U;
Link(city,city):dist,x;
endsets
data:
dist=   0       2       4       3       99
        2       0       2       99      6
        4       2       0       1       4
        3       99      1       0       5
        99      6       4       5       0   ;
enddata
n=@size(city);
min=@sum(link:dist * x);
@for(city(k)|k#gt#1:
@sum(city(i)|i#ne#k:x(i,k))=1;
@for(city(j)|j#gt#1#and#j#ne#k:
U(j)>=U(k)+x(k,j)-(n-2)*(1-x(k,j))+(n-3)*x(j,k);););
@sum(city(j)|j#gt#1:x(1,j))>=1;
@for(link:@bin(x););
@for(city(k)| k#gt#1:
@bnd(1,U(k),99);
U(k)<=n-1-(n-2)*x(1,k););
end
```

运行结果如下：

Objective value:	9.000000	
Variable	Value	Reduced Cost
X(1,1)	0.000000	0.000000
X(1,2)	1.000000	2.000000
X(1,3)	0.000000	4.000000
X(1,4)	0.000000	3.000000
X(1,5)	0.000000	99.00000
X(2,1)	0.000000	2.000000
X(2,2)	0.000000	0.000000
X(2,3)	1.000000	2.000000
X(2,4)	0.000000	99.00000
X(2,5)	0.000000	6.000000
X(3,1)	0.000000	4.000000
X(3,2)	0.000000	2.000000
X(3,3)	0.000000	0.000000
X(3,4)	1.000000	1.000000

X(3,5)	1.000000	4.000000
X(4,1)	0.000000	3.000000
X(4,2)	0.000000	99.00000
X(4,3)	0.000000	1.000000
X(4,4)	0.000000	0.000000
X(4,5)	0.000000	5.000000
X(5,1)	0.000000	99.00000
X(5,2)	0.000000	6.000000
X(5,3)	0.000000	4.000000
X(5,4)	0.000000	5.000000
X(5,5)	0.000000	0.000000

结果解读：Objective value:9.0000，即所求最小树长为 9；X(1,2)=1.000000，X(2,3)=1.000000，X(3,4)=1.000000，X(3,5)=1.000000，其余 X(i,j)=0.000000，即构成最小树的弧有(v_1,v_2)、(v_2,v_3)、(v_3,v_4)、(v_3,v_5).

7.2.4 最小树的应用

在实际应用中，很多问题都可以转化为求网络的最小树问题. 下面举几个例子.

例如，某公司决定铺设光导纤维网络为它的主要中心之间提供高速通信. 图 7-13 中的节点显示了该公司主要中心的分布图. 节点间的连线是铺设纤维光缆的可能位置. 连线旁的数字表示如果选择在这个位置铺设光缆需要花费的成本. 为了充分利用光缆技术在中心之间高速通信上的优势，不需要在每两个中心之间都用一条光缆把它们直接连接起来. 现在的问题是需要铺设哪些光缆使得既能够保证任两个中心之间都能高速通信，又使总的铺设费用最低？

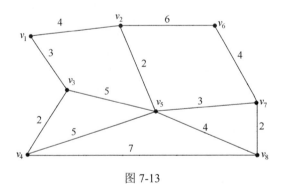

图 7-13

这个问题实际就是要在图 7-13 所示的网络中，找一个使所有节点都连通且使连接长度最短的连接方式，也即寻找图 7-13 所示网络的最小树.

例如，某市 6 个新建单位之间的交通线路长度见表 7-1，其中单位 B 离污水处理管道网最近，为 1.1 千米．为使这 6 个单位都能排污，现拟沿交通线路铺设地下管道，并且经 B 与污水处理管道网连通．问应如何铺设排污管道使其总长最短？

表 7-1

单位	单位					
	A	B	C	D	E	F
	新建单位之间的交通线路长度/千米					
A	0	1.3	3.5	4.3	3.8	4.0
B	1.3	0	3.5	4.0	3.1	3.9
C	3.5	3.5	0	2.8	2.6	1.0
D	4.3	4.0	2.8	0	2.1	2.7
E	3.8	3.1	2.6	2.1	0	2.4
F	4.0	3.9	1.0	2.7	2.4	0

6 个新建单位以及它们之间的交通道路构成了一个网络，网络以 6 个单位为顶点，任意两个顶点之间有边相连，边的权为两单位之间的交通道路长度．问题的本质是求该网络的最小树，总连接长度为最小树的权数加上单位 B 与污水处理管道网的距离．

7.3　最短路问题

最短路问题就是在一个网络中，给定一个始点 v_s 和一个终点 v_t，求 v_s 到 v_t 的一条路，使路长最短（路上所有弧的权数之和最小）．

7.3.1　引例

一名旅游者打算从城市 v_s 出发到达城市 v_t 进行一次自驾旅行．一路上将经过 6 个城市（分别记为 v_1、v_2、v_3、v_4、v_5、v_6），连接两座城市之间的公路网络及里程（单位：千米）如图 7-14 所示，弧旁数字为里程（单位：千米）．请为该旅游者到达目的地选择一条最短的行车路线．

分析问题可知，从 v_s 到 v_t 的行车路线很多，如从 v_s 出发，依次经过 v_1、v_3、v_5，最后到达 v_t；也可以从 v_s 出发，依次经过 v_2、v_3、v_6，最后到达 v_t；等等．走不同的路线，距离是不同的．比如，前一条路线总里程是 220 千米，后一条路线总里程为 180 千米．本问题就是在图 7-14 的网络中找到从 v_s 到 v_t 行车里程最短的线路，这是最短路问题的一个例子．

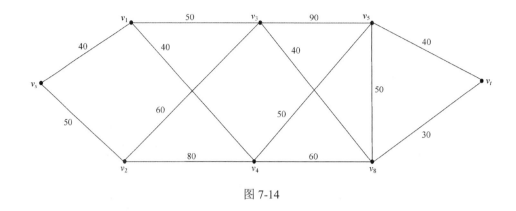

图 7-14

7.3.2　求最短路问题的算法

求最短路问题有两种算法，一种是求从某一点至其他各点之间最短距离的狄克斯屈（Dijkstra）算法；另一种是求网络图上任意两点之间最短距离的弗洛伊德（Floyd）算法.

1. Dijkstra 算法

该法是 Dijkstra 在 1959 年提出的，适用于所有权数均为非负（即一切 $w_{ij} \geqslant 0$）的网络，能够求出网络的任一点至其他各点之间的最短距离，为目前求这类网络最短路的最好算法.

这种算法的基本思想基于 6.2.2 节中所描述的最短路线具有的特性，也就是：假定 $v_1 \to v_2 \to v_3 \to v_4 \to v_5$ 是 $v_1 \to v_5$ 的最短路，则 $v_1 \to v_2 \to v_3$ 一定是 $v_1 \to v_3$ 的最短路，$v_3 \to v_4 \to v_5$ 一定是 $v_3 \to v_5$ 的最短路. 否则，设 $v_1 \to v_3$ 的最短路为 $v_1 \to v_6 \to v_3$，则 $v_1 \to v_6 \to v_3 \to v_4 \to v_5$ 的路长必小于 $v_1 \to v_2 \to v_3 \to v_4 \to v_5$，此与原假设矛盾.

Dijkstra 算法在执行过程中，对每一个 v_j 都要赋予一个标号，分为固定标号 $P(v_j)$ 和临时标号 $T(v_j)$ 两种. $P(v_j)$ 表示从始点 v_s 到点 v_j 的最短路长，$T(v_j)$ 表示从始点 v_s 到点 v_j 的最短路长上界. 若点 v_j 的标号是 T 标号，则需视情况修改，而一旦成为 P 标号，就固定不变了.

Dijkstra 算法步骤如下：

（1）令 $S = \{v_s\}$，$P(v_s) = 0$，对每一个点 $v \neq v_s$，令 $T(v) = +\infty$，令 $i = s$.

（2）考查点 v_i 的所有关联边 (v_i, v_j)，若 $v_j \notin S$，计算并令

$$\min\{T(v_j), P(v_i) + w_{ij}\} \Rightarrow T(v_j)$$

（3）计算 $\min\{T(v_j) \mid v_j \notin S\} = T(v_r) \Rightarrow P(v_r)$，即 v_r 的标号变为固定标号；选

取弧 (v_k, v_r) ，使得 $P(v_r) = P(v_k) + w_{kr}$ ，并令 $S \cup v_r \Rightarrow S$.

（4）若 $S = V$ ，算法终止，$P(v_j)$ 即从始点 v_s 到点 v_j 的最短路长，已选出的弧即给出始点 v_s 到各点的最短路线；否则，令 $v_r \Rightarrow v_i$ ，返回步骤（2）.

注意： 若只要求点 v_s 到某一点 v_t 的最短路，而没有要求 v_s 到其他各点的最短路，则步骤（4）的算法终止条件改为 $r = t$ ，$P(v_r)$ 即从始点 v_s 到点 v_r 的最短路长.

例 7.3.1 试在图 7-14 中求点 v_s 到点 v_t 的最短路.

解　在图 7-14 所示的网络中，先给始点 v_s 标号 $P(v_s) = 0$ ，$S = \{v_s\}$. 其余点 v_j 都是临时标号，$T(v_j) = +\infty$. 检查 v_s 的两条关联边 $(v_s, v_1), (v_s, v_2)$ ，由于点 v_1 、v_2 都是临时标号，进行下列计算：

点 v_1 ：　$\min\{T(v_1), P(v_s) + w_{s1}\} = \min\{\infty, 0 + 40\} = 40 \Rightarrow T(v_1)$

点 v_2 ：　$\min\{T(v_2), P(v_s) + w_{s2}\} = \min\{\infty, 0 + 50\} = 50 \Rightarrow T(v_2)$

在所有临时标号中选出最小标号 $T(v_1) = 40$ ，把它改为固定标号 $P(v_1) = 40$ ，然后选弧 (v_s, v_1) ，如图 7-15（a）所示. 图中每点旁圆括号内的数字为固定标号，无括号的数字为临时标号，无数字则代表临时标号 ∞（省略）. 加箭头的线即所选的弧 (v_s, v_1) . 以后每次都检查刚得到固定标号的点，其关联边的另一个端点若是临时标号，则按照算法步骤的第（2）步重新计算其临时标号. 然后从所有临时标号中选出最小的把它改为固定标号，同时选出相应的弧，直到 v_t 得到固定标号结束，具体过程如图 7-15 所示. 由图 7-15（g）可知，v_s 到 v_t 的最短路为 $v_s \rightarrow v_1 \rightarrow v_3 \rightarrow v_6 \rightarrow v_t$ ，路长为 160 千米.

图 7-15（一）

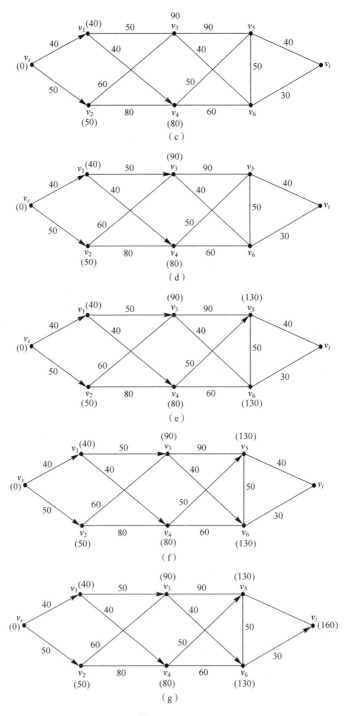

图 7-15（二）

2. Floyd 算法

Floyd 算法是更一般的求解最短路的方法，适用于求任意两点间的最短路、有负权图（图中某些边的权为负）的最短路等一般网络问题.

定义距离矩阵 $\boldsymbol{D}=(w_{ij})_{n\times n}$，其中 w_{ij} 为网络中点 v_i、v_j 之间的权数.

Floyd 算法的基本步骤如下：

（1）记 $\boldsymbol{D}^{(0)}=\boldsymbol{D}$.

（2）计算 $\boldsymbol{D}^{(k)}=(d_{ij}^{(k)})_{n\times n}$，其中

$$d_{ij}^{(k)}=\min_{1\leqslant s\leqslant n}\{d_{is}^{(k-1)}+d_{sj}^{(k-1)}\}\quad(i,j=1,2,\cdots,n)$$

（3）若计算中出现 $\boldsymbol{D}^{(k)}=\boldsymbol{D}^{(k+1)}$，则 $\boldsymbol{D}^{(k)}$ 中的元素 $d_{ij}^{(k)}$ 就是 v_i 到 v_j 的最短路长.

设网络中的点数为 n，并且 $w_{ij}\geqslant 0$，则迭代次数 k 由下式估算得到：

$$k-1<\frac{\lg(n-1)}{\lg 2}\leqslant k$$

例 7.3.2　某公司有 7 个分公司，它们所在的城市以及城市之间的交通道路长度如图 7-16 所示. 请帮助该公司设计一张任意两城市间行程最短的路线表.

图 7-16

解　这个问题实际就是求图 7-16 中任意两点间的最短路问题.

先根据图 7-16 写出距离矩阵 $\boldsymbol{D}$：

$$\boldsymbol{D}=\begin{pmatrix}0 & 6 & 3 & \infty & \infty & \infty & \infty \\ 6 & 0 & \infty & 2 & 7 & \infty & \infty \\ 3 & \infty & 0 & 8 & \infty & 4 & \infty \\ \infty & 2 & 8 & 0 & 6 & 3 & \infty \\ \infty & 7 & \infty & 6 & 0 & 1 & 3 \\ \infty & \infty & 4 & 3 & 1 & 0 & 6 \\ \infty & \infty & \infty & \infty & 3 & 6 & 0\end{pmatrix}$$

此即 $\boldsymbol{D}^{(0)}$.

依 Floyd 算法第（2）步计算 $\boldsymbol{D}^{(k)}$，$k=2,3,\cdots$，直到 $\boldsymbol{D}^{(k)}=\boldsymbol{D}^{(k+1)}$ 时停止.

在本例中，$\dfrac{\lg(n-1)}{\lg 2}=\dfrac{\lg 6}{\lg 2}\approx 2.6$，所以最多计算到 $\boldsymbol{D}^{(3)}$，计算结果如下：

$$\boldsymbol{D}^{(1)}=\begin{pmatrix} 0 & 6 & 3 & 8 & 13 & 7 & \infty \\ 6 & 0 & 9 & 2 & 7 & 5 & 10 \\ 3 & 9 & 0 & 7 & 5 & 4 & 10 \\ 8 & 2 & 7 & 0 & 4 & 3 & 9 \\ 13 & 7 & 5 & 4 & 0 & 1 & 3 \\ 7 & 5 & 4 & 3 & 1 & 0 & 4 \\ \infty & 10 & 10 & 9 & 3 & 4 & 0 \end{pmatrix}$$

$$\boldsymbol{D}^{(2)}=\begin{pmatrix} 0 & 6 & 3 & 8 & 8 & 7 & 11 \\ 6 & 0 & 9 & 2 & 6 & 5 & 9 \\ 3 & 9 & 0 & 7 & 5 & 4 & 8 \\ 8 & 2 & 7 & 0 & 4 & 3 & 7 \\ 8 & 6 & 5 & 4 & 0 & 1 & 3 \\ 7 & 5 & 4 & 3 & 1 & 0 & 4 \\ 11 & 9 & 8 & 7 & 3 & 4 & 0 \end{pmatrix}$$

$$\boldsymbol{D}^{(3)}=\begin{pmatrix} 0 & 6 & 3 & 8 & 8 & 7 & 11 \\ 6 & 0 & 9 & 2 & 6 & 5 & 9 \\ 3 & 9 & 0 & 7 & 5 & 4 & 8 \\ 8 & 2 & 7 & 0 & 4 & 3 & 7 \\ 8 & 6 & 5 & 4 & 0 & 1 & 3 \\ 7 & 5 & 4 & 3 & 1 & 0 & 4 \\ 11 & 9 & 8 & 7 & 3 & 4 & 0 \end{pmatrix}$$

因为 $\boldsymbol{D}^{(2)}=\boldsymbol{D}^{(3)}$，所以 $\boldsymbol{D}^{(2)}$ 中的元素 $d_{ij}^{(2)}$ 就是分公司 v_i 到 v_j 的最短距离.

7.3.3　用 Lingo 软件求解最短路问题

例 7.3.3　用 Lingo 软件求解例 7.3.1.

解　求解例 7.3.1 的 Lingo 程序如下：

```
model:
sets:
cities/s,1,2,3,4,5,6,t/;  !定义 8 个城市;
   roads(cities,cities)/
      s,1  s,2  1,3  1,4  2,3  2,4  3,5  3,6
      4,5  4,6  5,t  5,6  6,t/: W, X;
!定义哪些城市之间有路相联，W 为里程，X 为 0-1 型决策变量;
```

```
endsets
data:
   W=40   50   50   40   60   80   90   40
50   60   40   50   30;
enddata
N=@SIZE(CITIES);
   MIN=@SUM(roads:W*X);
   @FOR(cities(i) | i #GT# 1 #AND# i #LT# N:
      @SUM(roads(i,j): X(i,j))=@SUM(roads(j,i): X(j,i)));
   @SUM(roads(i,j)|i #EQ# 1:X(i,j))=1;
   @SUM(roads(i,j)|j #EQ# N:X(i,j))=1;
end
```

运行结果如下：

Global optimal solution found.

Objective value:		160.0000
Infeasibilities:		0.000000
Total solver iterations:		0
Elapsed runtime seconds:		0.05
Model Class:		LP
Total variables:	13	
Nonlinear variables:	0	
Integer variables:	0	
Total constraints:	9	
Nonlinear constraints:	0	
Total nonzeros:	39	
Nonlinear nonzeros:	0	

Variable	Value	Reduced Cost
N	8.000000	0.000000
W(S,1)	40.00000	0.000000
W(S,2)	50.00000	0.000000
W(1,3)	50.00000	0.000000
W(1,4)	40.00000	0.000000
W(2,3)	60.00000	0.000000
W(2,4)	80.00000	0.000000
W(3,5)	90.00000	0.000000
W(3,6)	40.00000	0.000000
W(4,5)	50.00000	0.000000
W(4,6)	60.00000	0.000000
W(5,T)	40.00000	0.000000
W(5,6)	50.00000	0.000000
W(6,T)	30.00000	0.000000

X(S,1)	1.000000	0.000000
X(S,2)	0.000000	0.000000
X(1,3)	1.000000	0.000000
X(1,4)	0.000000	0.000000
X(2,3)	0.000000	20.00000
X(2,4)	0.000000	50.00000
X(3,5)	0.000000	60.00000
X(3,6)	1.000000	0.000000
X(4,5)	0.000000	10.00000
X(4,6)	0.000000	10.00000
X(5,T)	0.000000	0.000000
X(5,6)	0.000000	40.00000
X(6,T)	1.000000	0.000000

结果解读：Objective value:160.0000，即 v_s 到 v_t 的最短路长为 160；X(S,1)= 1.000000，X(1,3)= 1.000000，X(3,6)= 1.000000，X(6,T)= 1.000000，其余 X(i,j)=0.000000，即 v_s 到 v_t 最短路上的弧有 (v_s,v_1), (v_1,v_3), (v_3,v_6), (v_6,v_t).

例 7.3.4　用 Lingo 软件求解例 7.3.2.

解　求解例 7.3.3 的 Lingo 程序如下：

```
sets:
nodes/c1..c7/;
link(nodes,nodes):w,path; !path 标志最短路径上走过的顶点;
endsets
data:
path=0;
w=0;
@text(mydata1.txt)=@writefor(nodes(i):@writefor(nodes(j):
@format(w(i,j),' 10.0f')),@newline(1));
@text(mydata1.txt)=@write(@newline(1));
@text(mydata1.txt)=@writefor(nodes(i):@writefor(nodes(j):
@format(path(i,j),' 10.0f')),@newline(1));
enddata
calc:
w(1,2)=6;w(1,3)=3;w(2,4)=2;w(2,5)=7;
w(3,4)=8;w(3,6)=4; w(4,5)=6;
w(4,6)=3;w(5,6)=1; w(5,7)=3; w(6,7)=6;
@for(link(i,j):w(i,j)=w(i,j)+w(j,i));
@for(link(i,j)|i#ne#j:w(i,j)=@if(w(i,j)#eq#0,10000,w(i,j)));
@for(nodes(k):@for(nodes(i):@for(nodes(j): tm=@smin(w(i,j),w(i,k)+w(k,j));
path(i,j)=@if(w(i,j)#gt# tm,k,path(i,j));w(i,j)=tm)));
endcalc
end
```

运行结果如下（$W(Ci,Cj)$为点 v_i 到点 v_j 的最短距离；$PATH(Ci,Cj)$为 v_i 到点 v_j 最短路上的顶点）：

Variable	Value
W(C1,C1)	0.000000
W(C1,C2)	6.000000
W(C1,C3)	3.000000
W(C1,C4)	8.000000
W(C1,C5)	8.000000
W(C1,C6)	7.000000
W(C1,C7)	11.00000
W(C2,C1)	6.000000
W(C2,C2)	0.000000
W(C2,C3)	9.000000
W(C2,C4)	2.000000
W(C2,C5)	6.000000
W(C2,C6)	5.000000
W(C2,C7)	9.000000
W(C3,C1)	3.000000
W(C3,C2)	9.000000
W(C3,C3)	0.000000
W(C3,C4)	7.000000
W(C3,C5)	5.000000
W(C3,C6)	4.000000
W(C3,C7)	8.000000
W(C4,C1)	8.000000
W(C4,C2)	2.000000
W(C4,C3)	7.000000
W(C4,C4)	0.000000
W(C4,C5)	4.000000
W(C4,C6)	3.000000
W(C4,C7)	7.000000
W(C5,C1)	8.000000
W(C5,C2)	6.000000
W(C5,C3)	5.000000
W(C5,C4)	4.000000
W(C5,C5)	0.000000
W(C5,C6)	1.000000
W(C5,C7)	3.000000
W(C6,C1)	7.000000
W(C6,C2)	5.000000
W(C6,C3)	4.000000
W(C6,C4)	3.000000

W(C6,C5)	1.000000
W(C6,C6)	0.000000
W(C6,C7)	4.000000
W(C7,C1)	11.00000
W(C7,C2)	9.000000
W(C7,C3)	8.000000
W(C7,C4)	7.000000
W(C7,C5)	3.000000
W(C7,C6)	4.000000
W(C7,C7)	0.000000
PATH(C1,C1)	0.000000
PATH(C1,C2)	0.000000
PATH(C1,C3)	0.000000
PATH(C1,C4)	2.000000
PATH(C1,C5)	6.000000
PATH(C1,C6)	3.000000
PATH(C1,C7)	6.000000
PATH(C2,C1)	0.000000
PATH(C2,C2)	0.000000
PATH(C2,C3)	1.000000
PATH(C2,C4)	0.000000
PATH(C2,C5)	6.000000
PATH(C2,C6)	4.000000
PATH(C2,C7)	6.000000
PATH(C3,C1)	0.000000
PATH(C3,C2)	1.000000
PATH(C3,C3)	0.000000
PATH(C3,C4)	6.000000
PATH(C3,C5)	6.000000
PATH(C3,C6)	0.000000
PATH(C3,C7)	6.000000
PATH(C4,C1)	2.000000
PATH(C4,C2)	0.000000
PATH(C4,C3)	6.000000
PATH(C4,C4)	0.000000
PATH(C4,C5)	6.000000
PATH(C4,C6)	0.000000
PATH(C4,C7)	6.000000
PATH(C5,C1)	6.000000
PATH(C5,C2)	6.000000
PATH(C5,C3)	6.000000
PATH(C5,C4)	6.000000
PATH(C5,C5)	0.000000

PATH(C5,C6)	0.000000
PATH(C5,C7)	0.000000
PATH(C6,C1)	3.000000
PATH(C6,C2)	4.000000
PATH(C6,C3)	0.000000
PATH(C6,C4)	0.000000
PATH(C6,C5)	0.000000
PATH(C6,C6)	0.000000
PATH(C6,C7)	5.000000
PATH(C7,C1)	6.000000
PATH(C7,C2)	6.000000
PATH(C7,C3)	6.000000
PATH(C7,C4)	6.000000
PATH(C7,C5)	0.000000
PATH(C7,C6)	5.000000
PATH(C7,C7)	0.000000

7.3.4　最短路的应用

最短路问题是网络分析中最重要的优化问题之一，在实际问题中也有广泛的应用，如管道铺设、线路安排、工厂布局等．有些问题看起来似乎与地理方位无关，但通过适当的转化也可以将其归结为最短路问题，本节列举几个例子说明它的应用．

例 7.3.5　某公司签署了一项合同，生产一种新产品，为期 5 年．为此需要购买一台新设备，并在每年年初决定继续使用原设备还是购买一台新的．若继续使用原设备，需要支付一定的维修费用，但随着设备老化，维修费用有上升趋势；若购买新设备，则需要支付购买费用和较少的维修费用．购买和维修设备的费用见表 7-2 和表 7-3．问：如何帮该公司制订一个 5 年内的设备更新计划，使 5 年内的总费用（购置费和维修费）最少？

表 7-2

第 i 年度	1	2	3	4	5
购置费/万元	15	15	17	17	20

表 7-3

设备使用第 i 年度	1	2	3	4	5
维修费/万元	5	6	9	14	21

解 设备更新的方案是很多的，下面列举两个方案.

方案一 每年年初购置一台新设备更换旧设备. 5 年内设备购置费为 15+15+17+17+20=84（万元），每台设备使用期为一年，支付维修费 5 万元，5 年共支付维修费 25 万元. 这一方案的总费用为 84+25=109（万元）.

方案二 在第一年、第四年初购买新设备. 5 年内的设备购置费为 15+17=32（万元），维修费用包括第一年购买的设备，使用到第三年末，使用期 3 年，共支付维修费用为 5+6+9=20（万元）；第四年购买的设备，使用到第五年末，使用期 2 年，维修费用为 5+6=11（万元）. 这一方案的总费用=购置费+维修费 =32+20+11=63（万元），显然方案二比方案一支付费用少.

把所有方案一一列举，比较费用高低，最终可以找到最优更新方案，但这样计算代价太大.

如何制订使得 5 年内总费用最少的设备更新计划呢？可以把这个问题转化为最短路问题.

用点 v_i 表示"第 i 年年初购进一台新设备"这种状态（加设一点 v_6，可以理解为第 5 年年末）. 从 v_i 到 $v_{i+1}, \cdots, v_6$ 各画一条弧. 弧 (v_i, v_j) 表示在第 i 年年初购进的设备一直使用到第 j 年年初. 弧 (v_i, v_j) 的权 w_{ij} 表示在第 i 年年初购进一直使用到第 j 年年初的设备的费用，包括第 i 年初设备的购置费和第 i 年到第 $(j-i)$ 年设备的维修费. 建立网络模型如图 7-17 所示.

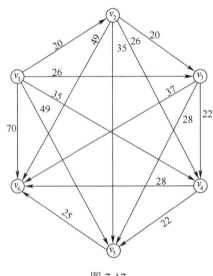

图 7-17

这样一来，制订一个最优设备更新计划问题就转化为寻求从 v_1 到 v_6 的最短路问题.

求解可得到两条最短路：$v_1 v_3 v_6$ 和 $v_1 v_4 v_6$，即有两个最优方案：一个是第一年、第三年初各购置一台新设备；另一方案是第一年、第四年初各购置一台新设备. 5 年内支付的总费用合计为 63 万元.

例 7.3.6　服务网点选址问题.

对例 7.3.2 继续提出如下问题：公司总部应设在哪个城市，能使各公司都离它较近？

解　这是一个中心问题，在一个网络中设置一所学校、医院、消防站、购物中心等问题都属于服务网点选址问题. 需要求出的位置，可化为一系列求最短路的问题. 先求出 v_1 到其他各点的最短距离 d_{1j} $(j=1,\cdots,7)$，令 $D(v_1)=\max\{d_{11},\cdots,d_{17}\}$，若总部建在 v_1，则距离总部最远的公司距离为 $D(v_7)$. 再依次计算 v_2、v_3、v_4、v_5、v_6、v_7 到其余各点的最短距离，类似求出 $D(v_2)$、$D(v_3)$、$D(v_4)$、$D(v_5)$、$D(v_6)$、$D(v_7)$，此 7 个值中最小者对应的点即为所求. 利用例 7.3.2 的求解结果，计算结果见表 7-4.

表 7-4

v_i	v_j							$D(v_i)=\max\{d_{ij}\}$
	1	2	3	4	5	6	7	
	v_i 至 v_j 的距离 d_{ij}							
1	0	6	3	8	8	7	11	11
2	6	0	9	2	6	5	9	9
3	3	9	0	7	5	4	8	9
4	8	2	7	0	4	3	7	8
5	8	6	5	4	0	1	3	8
6	7	5	4	3	1	0	4	7
7	11	9	8	7	3	4	0	11

由于 $D(v_6)=7$ 最小，因此公司总部应建在 v_6，这样离总部最远的公司为 v_1，距离为 7.

7.4　最大流问题

在实际应用中，对一个网络，人们往往关心网络的流通能力，也就是网络的流量. 比如，河流系统的泄洪能力、电网的输变电能力、公路网的运输能力、制造系统的生产能力等，这些都属于最大流问题. 最大流问题有两个层次，一是如何合理调配流量，使网络的流通能力达到最大；二是找到制约流量的瓶颈因素，以便对网络加以改造，提高网络的流通能力.

引例：图 7-18 是连接某产品产地 v_s 和销地 v_t 的交通网络. 弧 (v_i, v_j) 表示从 v_i 到 v_j 的运输线路，弧旁数字表示这条运输线路的最大通过能力.

问题：这个网络的最大输送能力是多少？如果要提升网络的流通能力，应该如何入手？这个问题就是典型的最大流问题.

下面介绍最大流问题的基本理论和求解最大流问题的基本算法.

7.4.1   基本概念

1. 网络与流

容量网络：对一个有向网络 $N = (V, A)$ 作如下规定：

网络有一个发点 v_s 和一个收点 v_t；

对每一弧 $(v_i, v_j) \in A$，都赋予一个容量 $r(v_i, v_j) = r_{ij} \geqslant 0$ 表示容许通过该弧的最大流量.

满足以上规定的网络称为容量网络. 本节所讨论的均为这种网络，以下简称网络. 例如图 7-18 就是一个容量网络.

图 7-18

流：流过一个网络的某种流在各边上流量的集合.

在一个网络 $N = (V, A)$ 中，设以 $x_{ij} = x(v_i, v_j)$ 表示通过弧 $(v_i, v_j) \in A$ 的流量，则集合 $X = \{x_{ij} \mid (v_i, v_j) \in A\}$ 称为该网络的一个流.

2. 可行流与最大流

如果网络 N 表示一个运输网络，r_{ij} 表示线路 v_i 与 v_j 之间的最大运输能力，x_{ij} 表示 v_i 与 v_j 之间的实际运输量，因此应有 $0 \leqslant x_{ij} \leqslant r_{ij}$，即实际运输量不能超过该线路的最大运输能力. 如果网络 N 上的中间点表示一个转运站，那么中间点运出货物的总量与运进的总量应当相等.

满足下列条件的流 $X = \{x_{ij}\}$ 称为一个可行流.

（1）弧容量限制条件. 弧的流量不超过容量, 即对每一弧 $(v_i, v_j) \in A$, 有 $0 \leqslant x_{ij} \leqslant r_{ij}$.

（2）中间点平衡条件. 对于中间点, 有总流入量=总流出量, 即对每个 $i(i \neq s, t)$, 有 $\sum_j x_{ij} - \sum_j x_{ji} = 0$.

对于发点 v_s 和收点 v_t, 有 $\sum_j x_{sj} = \sum_j x_{jt} = f$,（即 v_s 的净流出量与 v_t 的净流入量相等）, 称 f 为可行流的流量.

可行流总是存在的, 当所有弧的流量 x_{ij}=0 时, 就得到一个可行流, 流量为 0.

图 7-19 表示了一个可行流, 图中弧旁数字为 (r_{ij}, x_{ij}).

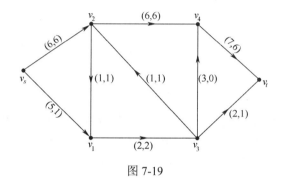

图 7-19

在一个网络中, 流量最大的可行流称为最大流, 记为 $X^* = \{x_{ij}^*\}$, 其流量记为 $f^* = f(X^*)$.

3. 弧的种类

在网络 $N = (V, A)$ 中, 若给定一个可行流 X, 称 $x_{ij} = r_{ij}$ 的弧为饱和弧, $x_{ij} < r_{ij}$ 的弧为非饱和弧, $x_{ij} = 0$ 的弧为零流弧.

设 μ 是网络中一条连接发点和收点的链, 定义链的方向是从 v_s 到 v_t. 则链 μ 的弧分为两类: 与链的方向一致的弧为前向弧, 其集合记为 μ^+; 与链的方向相反的弧为后向弧, 其集合记为 μ^-.

在图 7-19 中, 链 $\mu = v_s v_1 v_2 v_3 v_t$ 上的各弧被分为以下两类:

$$\mu^+ = \{(v_s, v_1), (v_3, v_t)\}$$
$$\mu^- = \{(v_2, v_1), (v_3, v_2)\}$$

4. 增广链

设 $X = \{x_{ij}\}$ 是一可行流, μ 是从 v_s 到 v_t 的一条链. 若链 μ 上各弧的流量满足:

（1）前向弧均为非饱和弧；（2）后向弧均为非零流弧，则称 μ 为一条关于可行流 X 的增广链，记为 $\mu(X)$. 图 7-19 中，链 $\mu = v_s v_1 v_2 v_3 v_t$ 就是关于当前可行流的一条增广链. 增广链是判定最大流的依据，若存在增广链，则 X 还不是最大流，如果没有增广链了，就可以判定 X 已经是最大流了.

定理 1　在网络 $N=(V,A)$ 中，可行流 X 是最大流的充要条件是：N 中不存在关于 X 的增广链.

5. 截集

在一个网络 $N=(V,A)$ 中，若把点集 V 剖分成不相交的两个非空集合 S 和 $\overline{S}$，且 $v_s \in S$，$v_t \in \overline{S}$，S 中各点不需经由 $\overline{S}$ 中的点而均连通，$\overline{S}$ 中各点也不需经由 S 中的点而均连通，则把始点在 S 中而终点在 $\overline{S}$ 中的所有弧所构成的集合，称为一个分离 v_s 和 v_t 的截集，记为 $(S,\overline{S})$.

如果从网络 N 中去掉截集 $(S,\overline{S})$ 中的边，从 v_s 就没有路可以到达 v_t.

注意：截集是有方向的，只包含从 S 指向 $\overline{S}$ 的弧. 截集是从 v_s 一岸通往 v_t 一岸的"桥梁"的总和，或者说，截集是从 v_s 到 v_t 的必经之路.

在一个截集 $(S,\overline{S})$ 中所有弧的容量之和称为该截集的容量，简称截量. 截集可以有很多，不同的截集具有不同的截量. 截量最小的截集称为最小截集. 最小截集的概念很重要，它决定了网络的流通能力.

定理 2　对于任意给定的网络 $D=(V,A,C)$，从发点 v_s 到收点 v_t 的最大流的流量必等于分割 v_s 和 v_t 的最小截集的截量.

图 7-18 的截集及其截量见表 7-5.

表 7-5

$S=\{v_i\}$	$\overline{S}=(v_j)$	$(S,\overline{S})=\{(v_i,v_j)\}$	截量
v_s	v_1,v_2,v_3,v_4,v_t	$(v_s,v_1),(v_s,v_2)$	11
v_s,v_1	v_2,v_3,v_4,v_t	$(v_s,v_2),(v_1,v_3)$	8
v_s,v_2	v_1,v_3,v_4,v_t	$(v_s,v_1),(v_2,v_1),(v_2,v_4)$	12
v_s,v_1,v_2	v_3,v_4,v_t	$(v_2,v_4),(v_1,v_3)$	8
v_s,v_1,v_3	v_2,v_4,v_t	$(v_s,v_2),(v_3,v_2),(v_3,v_4),(v_3,v_t)$	12
v_s,v_2,v_4	v_1,v_3,v_t	$(v_s,v_1),(v_2,v_1),(v_4,v_t)$	13
v_s,v_1,v_2,v_3	v_4,v_t	$(v_2,v_4),(v_3,v_4),(v_3,v_t)$	11
v_s,v_1,v_2,v_4	v_3,v_t	$(v_1,v_3),(v_4,v_t)$	9
v_s,v_1,v_2,v_3,v_4	v_t	$(v_3,v_t),(v_4,v_t)$	9

7.4.2　寻求最大流的标号法——Ford-Fulkerson 标号法

Ford 和 Fulkerson 提出了求解最大流问题的标号法，思路是从某一可行流出发，用标号的办法寻找增广链，然后沿着增广链调整网络流量，直到标号过程无法继续，意味着没有了增广链，表明已得到最大流．同时，标号点和未标号点构成了两个集合，始点在标号点集且终点在未标号点集的所有弧构成的集合就是最小截集．下面给出该方法的步骤．

1. 标号过程

在这个过程中，网络中的点分为两部分，即标了号的点和未标号的点，标了号的点又分为已检查点和未检查点，即

$$顶点\begin{cases}标号点\begin{cases}标号已检查点\\标号未检查点\end{cases}\\未标号点\end{cases}$$

每个标号点赋予两个标号：$\pm v_i$ 和 $b(v_j)$，第一个标号表明 v_j 的标号是从哪一个点得到的，以便于找出增广链；第二个标号用于确定增广链的调整量 θ．

具体标号过程如下：

（1）找一个可行流，并给发点 v_s 标号 $(0,\infty)$．

（2）选择一个已标号未检查的顶点 v_i，对所有与 v_i 相邻而没有标号的顶点 v_j，按下列规则处理：若关联 v_i 与 v_j 的弧为 (v_i, v_j)，并且 $x_{ij} < r_{ij}$，则给顶点 v_j 标号 $(v_i, b(v_j))$，其中 $b(v_j) = \min\{b(v_i), r_{ij} - x_{ij}\}$，而当 $x_{ij} = r_{ij}$ 时，不给顶点 v_j 标号．若关联 v_i 与 v_j 的弧为 (v_j, v_i)，并且 $x_{ji} > 0$，则给顶点 v_j 标号 $(-v_i, b(v_j))$，其中 $b(v_j) = \min\{b(v_i), x_{ji}\}$．而当 $x_{ji} = 0$ 时，不给顶点 v_j 标号．

当所有与 v_i 相邻而没有标号的顶点 v_j 都执行完上述步骤时，就给顶点 v_i 打 √（对号），表示对它已检查完毕．

重复过程（2），可能出现两种结果，其一是收点 v_t 得到标号，说明存在一条增广链，则转到调整过程；其二是所有标号点均已检查过，而收点 v_t 没有得到标号，说明不存在增广链，这时可行流即为最大流．

2. 调整过程

首先从收点回溯标号点的第一个标号，就能找出一条由标号点和相应的弧连接而成的从 v_s 到 v_t 的增广链 $\mu(X)$．然后，按如下方法修改原可行流．取调整量 $\theta = b(v_t)$（即收点的第二个标号），令

$$x_{ij} := x_{ij} + \theta，对一切 (v_i, v_j) \in \mu^+$$

$$x_{ij} := x_{ij} - \theta，对一切 (v_i, v_j) \in \mu^-$$

非增广链上的各弧流量 x_{ij} 不变.

调整结束后，去掉所有标号，返回标号过程重新进行标号.

流程图如图 7-20 所示.

图 7-20

例 7.4.1   用 Ford-Fulkerson 标号法求图 7-18 所示网络的最大流.

解   找图 7-19 所示的可行流，图中弧旁数字为 (r_{ij}, x_{ij}). 寻找最大流的过程如下：

（1）标号过程.

1）给发点 v_s 标号 $(0, \infty)$. 检查 v_s，对其相邻点 v_1、v_2 依次判断、执行如下：对 v_1，因关联它与 v_s 的弧为 (v_s, v_1)，且 $r_{s1} = 5 > x_{s1} = 1$，故给 v_1 标号 $(+v_s, b(v_1))$，其中 $b(v_1) = $. 对 v_2，因关联它与 v_s 的弧为 (v_s, v_2)，且 $r_{s2} = x_{s2}$，故不给 v_2 标号.

至此，对 v_s 检查完毕，给 v_s 打 √.

2）现在已标号待检查的点为 v_1. 检查 v_1，对与其相邻而未标号的点 v_2、v_3 依次判断、执行如下：对 v_2，因有弧 (v_2, v_1)，且 $x_{21} = 1 > 0$，故给 v_2 标号 $(-v_1, b(v_2))$，其中 $b(v_2) = \min \{b(v_1), x_{21}\} = 1$. 对 v_3，虽有弧 (v_1, v_3)，但 $r_{13} = x_{13}$，故不给 v_3 标号.

至此，对 v_1 检查完毕，给 v_1 打 √.

3）现在已标号待检查的点为 v_2. 检查 v_2，对与其相邻而未标号的点 v_3、v_4 依次判断、执行如下：对 v_3，因有弧 (v_3, v_2)，且 $x_{32} = 1 > 0$，故给 v_3 标号 $(-v_2, b(v_3))$，其中 $b(v_3) = \min \{b(v_2), x_{32}\} = 1$. 对 v_4，虽有弧 (v_2, v_4)，但 $r_{24} = x_{24}$，故不给 v_4 标号. 至此，对 v_2 检查完毕，给 v_2 打 √.

4）现在已标号待检查的点为 v_3. 检查 v_3，对与其相邻而未标号的点 v_4、v_t 依次判断、执行如下：对 v_t，因有弧 (v_3,v_t)，且 $r_{3t}-x_{2t}=1$，故给 v_t 标号 $(+v_3,b(v_t))$，其中 $b(v_t)=\min\{b(v_3),r_{3t}-x_{3t}\}=1$.

因 v_t 已被标号，故转入调整过程.

（2）调整过程.

从 v_t 开始，依次回溯标号点的第一个标号，可得到一条 v_s 到 v_t 的增广链 $\mu=v_sv_1v_2v_3v_t$，如图 7-21 中双箭线所示.

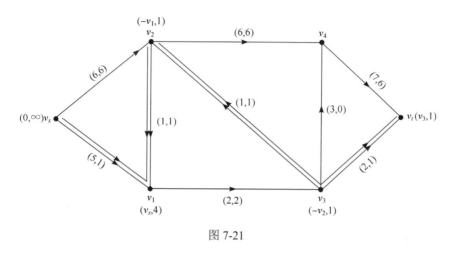

图 7-21

从图 7-21 中可以看出：

前向弧集合 $\mu^+=\{(v_s,v_1),(v_3,v_t)\}$，

后向弧集合 $\mu^-=\{(v_2,v_1),(v_3,v_2)\}$.

按调整量 $\theta=b(v_t)=1$，调整增广链上各弧的流量如下：

$$x_{s1}:=x_{s1}+\theta=1+1=2, x_{s1}\in\mu^+$$
$$x_{3t}:=x_{3t}+\theta=1+1=2, x_{3t}\in\mu^+$$
$$x_{21}:=x_{21}-\theta=1-1=0, x_{21}\in\mu^-$$
$$x_{32}:=x_{32}-\theta=1-1=0, x_{32}\in\mu^-$$

非增广链上各弧的流量不变.

这样得到一个新的可行流，如图 7-22 所示.

在图 7-22 中重新进行标号，依次给 v_s、v_1 标号并检查后，标号过程无法进行下去，所以不存在 v_s 到 v_t 的增广链，图 7-22 中的可行流即最大流 X^*，$f(X^*)=8$.

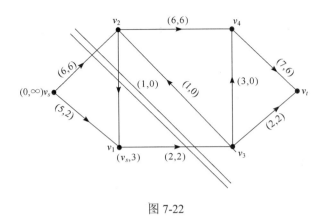

图 7-22

已标号点集合 $\{v_s,v_1\}$，未标号点集合 $\{v_2,v_3,v_4,v_t\}$．用两道横线将标号点与未标号点分开，横线截断的从 S 到 $\overline{S}$ 的弧构成最小截集：$\{(v_s,v_2)，(v_1,v_3)\}$，如图 7-22 所示，最小截集的截量为 8，恰好就是最大流的流量．最小截集截量的大小影响总输送量的提高．因此，为提高总的输送量，必须首先考虑改善最小截集中各弧的输送状况，提高它们的通过能力．另外，一旦最小截集中弧的通过能力降低，就会使网络总的输送能力下降．

这里需要说明的是：在求网络最大流时，若未给定初始可行流，可以自己找出初始可行流，这个可行流可以是零流，也可以是任一可行流，但一般情况下为加快计算速度，可以根据网络中弧上各容量的大小，给出流量尽可能大的可行流，但其是否为最大流须通过判断网络中是否存在增广链来确定．

7.4.3　用 Lingo 软件求解最大流问题

例 7.4.2　用 Lingo 软件求解例 7.4.1.

解　求解例 7.4.1 的 Lingo 程序如下：

```
MODEL:
sets:
nodes/s,1,2,3,4,t/;
arcs(nodes, nodes): p, c, f;
endsets
data:
 p= 0 1 1 0 0 0
    0 0 0 1 0 0
    0 1 0 0 1 0
    0 0 1 0 1 1
    0 0 0 0 0 1
```

```
            0 0 0 0 0 0;
    c =0 5 6 0 0 0
        0 0 0 2 0 0
        0 1 0 0 6 0
        0 0 1 0 3 2
        0 0 0 0 0 7
        0 0 0 0 0 0;
enddata
max = flow;
@for(nodes(i) | i #ne# 1 #and# i #ne# @size(nodes):
    @sum(nodes(j): p(i,j)*f(i,j))
        = @sum(nodes(j): p(j,i)*f(j,i)));
@sum(nodes(i):p(1,i)*f(1,i)) = flow;
@for(arcs:@bnd(0, f, c));
END
```

应用 Lingo 软件求解，运行结果如下：

Variable	Value	Reduced Cost
FLOW	8.000000	0.000000
F(S,S)	0.000000	0.000000
F(S,1)	2.000000	0.000000
F(S,2)	6.000000	-1.000000
F(S,3)	0.000000	0.000000
F(S,4)	0.000000	0.000000
F(S,T)	0.000000	0.000000
F(1,S)	0.000000	0.000000
F(1,1)	0.000000	0.000000
F(1,2)	0.000000	0.000000
F(1,3)	2.000000	-1.000000
F(1,4)	0.000000	0.000000
F(1,T)	0.000000	0.000000
F(2,S)	0.000000	0.000000
F(2,1)	0.000000	1.000000
F(2,2)	0.000000	0.000000
F(2,3)	0.000000	0.000000
F(2,4)	6.000000	0.000000
F(2,T)	0.000000	0.000000
F(3,S)	0.000000	0.000000
F(3,1)	0.000000	0.000000
F(3,2)	0.000000	0.000000
F(3,3)	0.000000	0.000000

F(3,4)	0.000000	0.000000
F(3,T)	2.000000	0.000000
F(4,S)	0.000000	0.000000
F(4,1)	0.000000	0.000000
F(4,2)	0.000000	0.000000
F(4,3)	0.000000	0.000000
F(4,4)	0.000000	0.000000
F(4,T)	6.000000	0.000000
F(T,S)	0.000000	0.000000
F(T,1)	0.000000	0.000000
F(T,2)	0.000000	0.000000
F(T,3)	0.000000	0.000000
F(T,4)	0.000000	0.000000
F(T,T)	0.000000	0.000000

结果解读：FLOW 为 8，表示最大流量为 8；F(S,1)=2，F(s,2)=6，F(1,3)=2，F(2,4)=6，F(3,T)=2，F(4,T)=6，其余为 0，表示弧(v_s,v_1)、(v_s,v_2)、(v_1,v_3)、(v_2,v_4)、(v_3,v_t)、(v_4,v_t)上的流量分别为 2、6、2、6、2、6，其余弧上的流量为 0.

7.4.4　最大流问题拓展

求最大流的标号法适用于只有一个发点和一个收点的网络，但有些问题给出的网络具有多个发点和多个收点，这种情况可以通过添加虚设统一的发点和收点的方法将网络转化为一个发点和一个收点的网络. 如图 7-23 中，网络 G 有两个发点 v_1、v_2，两个收点 v_7、v_8. 此时，添加统一的虚设发点 v_s 和统一的虚设收点 v_t，添加四条弧 (v_s,v_1)、(v_s,v_2)、(v_7,v_t)、(v_8,v_t)，新添加的弧容量为 M（充分大的正数），得到新网络 G'，如图 7-24 所示. G'为只有一个发点、一个收点的网络.

图 7-23

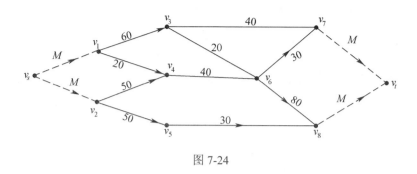

图 7-24

7.4.5　最大流问题应用举例

最大流问题应用广泛，除了可以求运输网络的最大流量之外，许多实际问题也可以用最大流的方法解决，下面举例说明.

例 7.4.3　某铁路施工企业需要在 1～3 个月内完成 A、B、C 这 3 项工程，工程工期和所需劳动力见表 7-6. 该企业每月可用劳动力为 90 人，任一项工程在一个月内投入的劳动力不能超过 60 人. 问该单位能否按期完成上述 3 项工程任务? 应如何安排劳动力?

表 7-6

工程	工期	共需劳动力/人
A	1～3 个月	70
B	1～2 个月	90
C	2～3 个月	80

解　本问题可以用网络图 7-25 表示. 图中节点 M_1、M_2、M_3 分别表示 1、2、3 月份. 弧旁边的数字表示弧的容量，从发点 S 开始的弧，其容量 90，表示该公司每月可用劳动力 90 人；从点 M_1、M_2、M_3 到点 A、B、C 的弧，其容量为 60，表示任一工程在一个月内劳动力投入不能超过 60 人；从点 A、B、C 到收点 T 的弧，其容量为每项工程所需的劳动力. 合理安排每个月工程的劳动力，在不超过现有人力的条件下，尽可能保证工程按期完成，就是求图 7-25 中从发点到收点的最大流. 若最大流的流量正好为 3 项工程需要劳动力的总数量，则该单位能按期完成任务，从点 M_1、M_2、M_3 到点 A、B、C 的弧上的流量即为劳动力的安排方案.

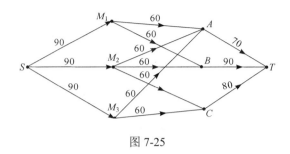

图 7-25

Lingo 软件求解结果见表 7-7.

表 7-7

月份	工程		
	A	B	C
	共需劳动力/人		
1	60	30	0
2	0	60	20
3	10	0	60
合计	70	90	80

习　题　7

1. 哥尼斯堡 7 桥问题（the Konigsberg Bridges Problem）. 图论的起源最早可追溯到著名的哥尼斯堡 7 桥问题. 18 世纪，欧洲的哥尼斯堡（Konigsberg）城有一条流经全城的普雷戈尔（Pregel）河系，河上有 7 座桥连接着两岸和河中的两个小岛，如图 7-26（a）所示. 当时城内居民散步时热衷于这样一个问题：从 A、B、C、D 中的任意一个出发，能否走遍 7 座桥且每桥只过一次而最终回到原出发地？

数学家欧拉给出的答案是否定的，他将 A、B、C、D 用 4 个点表示，桥用线表示. 由此得到一个图，如图 7-26（b）所示. 于是问题归结为一笔画线问题，即能否一笔画成这个图形，而线不重复. 欧拉通过数学证明：凡是图中有点与奇数条边（线）相关联，这样的图不可能一笔画完. 图 7-26（b）中每个点都与奇数条边相关联，故问题无解. 1736 年，欧拉就此发表了一篇论文，开启了一个新的数学分支——图论. 现在请回答下面的问题：从图 7-27 的任一点出发，能否走遍该图的各边一次且仅一次而回到原出发点，若能，则找出一条这样的路；若不能，请说明理由.

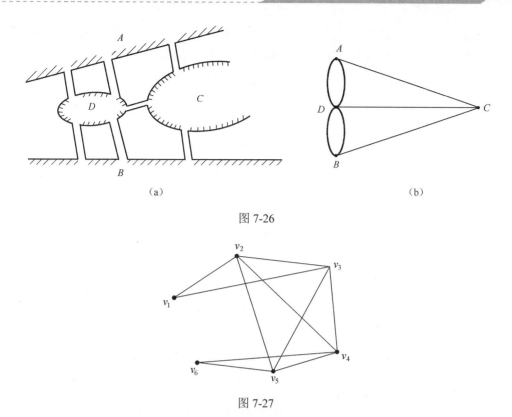

图 7-26

图 7-27

2．有 6 支球队进行足球比赛，分别用点 $v_1,\dots,v_6$ 表示这 6 支球队，它们之间的比赛情况如下：v_1 队战胜 v_2 队，v_2 队战胜 v_3、v_4 队，v_3 队战胜 v_1、v_5 队，v_4 队战胜 v_5、v_6 队，v_5 队战胜 v_6 队．请用有向图表示这 6 支球队之间的胜负情况．

3．分别用避圈法和破圈法求图 7-28 中网络的最小树．

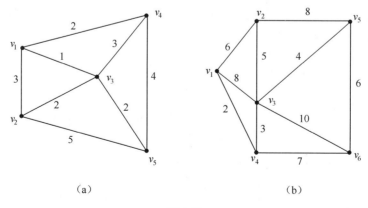

图 7-28

4. 某通信公司要沿道路为 6 个居民小区架设通信网络, 连接 6 个居民小区的道路如图 7-29 所示, 弧旁数字为各居民小区之间道路的长度, 单位为千米. 请设计一个架线方案, 连通这 6 个小区, 并使总的线路长度最短.

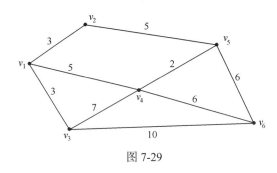

图 7-29

5. 某乡政府计划未来 2 年内, 使所管辖的 6 个村之间都有水泥公路相通. 根据勘测, 6 个村之间修建公路的费用见表 7-8. 请为乡政府设计一个修建公路的方案, 使总修建费用最低.

表 7-8

村	村				
	2	3	4	5	6
	6 个村之间修建公路的费用/万元				
1	15	24	10	21	26
2		11	21	11	31
3			26	21	26
4				26	16
5					31

6. 在图 7-30 所示的网络中, 求点 v_s 到各点的最短路.

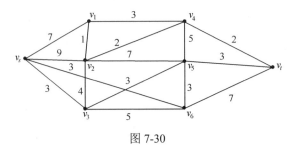

图 7-30

7. 在图 7-31 的网络中, 求各点间的最短路.

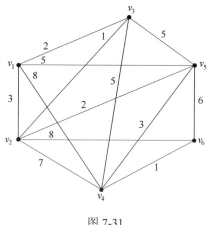

图 7-31

8．有一物流企业要从仓库给客户送货，仓库与客户之间交通道路情况如图 7-32 所示，v_1 为仓库所在地，v_6 为客户所在地，图中弧旁括号内的数字，第一个表示两点间的距离，第二个表示两点间汽车行驶所需时间，请分别依据最短距离和最少时间确定最优送货路线．

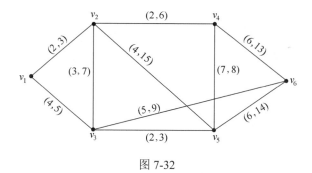

图 7-32

9．已知某设备可继续使用 5 年，也可以在每年年末卖掉重新购置新设备．今后 5 年内每年初购置新设备的价格分别为 3.6 万、3.8 万、4.0 万、4.1 万和 4.4 万元．使用时间在 1～5 年内的维护费用分别为 0.4 万、0.9 万、1.4 万、2.3 万和 3 万元．试确定一个设备更新方案，使 5 年的设备购置和维护总费用最小．

10．7 个居民小区之间的交通道路如图 7-33 所示，弧旁数字代表道路的长度．现要在 7 个小区中选择一个建快速反应中心，选择哪一个最合理？

11．图 7-34 是某 5 个城市之间的航线，弧旁数字为两城市之间的票价（百元），试确定任意两城市之间票价最便宜的线路表．

12．求图 7-35 中网络的最大流与最小截集．弧旁数字为该弧的容量．

图 7-33

图 7-34

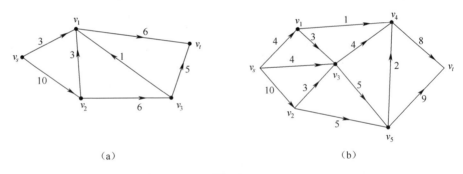

（a）   （b）

图 7-35

13. 求图 7-36 所示网络中 v_1 到 v_6 的最大流，弧旁数字为该弧的容量.

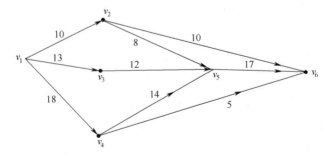

图 7-36

14. 某河流有几个岛屿，陆地与岛屿以及各岛屿之间的桥梁如图 7-37 所示. 若河两岸分别被敌对的双方部队占领. 问至少应切断几座桥梁，才能达到阻止对方部队过河的目的？试用网络分析的方法求解.

图 7-37

15. 有 4 根同一规格的轴件 A、B、C、D，4 个同一规格的齿轮甲、乙、丙、丁，现要将轴件与齿轮配对使用. 由于精度不高，不能任意匹配. 已知 A 只能与乙配合，B 能与甲、丙配合，C 能与丙、丁配合，D 能与甲、乙配合. 问应如何匹配才能充分利用这些零件. 试用网络分析的方法求解.

16. 某市政工程公司计划在 5～8 个月内完成 4 项工程：修建一条地下通道；修建一座人行天桥；新建一条道路；道路维修. 工期和所需劳动力见表 7-9. 该公司共有劳动力 120 人，任一项工程在一个月内的劳动力投入不能超过 80 人，问公司能否按期完成上述 3 项工程任务？应如何安排劳动力？

表 7-9

工程	工期	共需劳动力/人
地下通道	5～7 个月	100
人行天桥	6～7 个月	80
新建道路	5～8 个月	200
道路维修	8 个月	80

案　　例

案例 1　旅客运输问题

某铁路企业承担甲、乙、丙 3 个城市之间的旅客列车运输任务，列车的出发和到达时间如表 7-10 所示. 设旅客列车从到达某站到出发至少需要 2 个小时的准备时间,试制定一个最佳列车接续方案,使该铁路企业所使用的列车数最少.

表 7-10

车次	出发城市	出发时间	到达城市	到达时间
K1	甲	10:00	乙	13:00
K3	甲	11:00	乙	14:00
K5	甲	16:00	乙	19:00
K7	甲	21:00	丙	次日 1:00
K9	甲	23:00	丙	次日 3:00
K2	乙	5:00	甲	8:00
K4	乙	12:00	甲	15:00
K6	乙	16:00	甲	19:00
K8	丙	8:00	甲	12:00
K10	丙	16:00	甲	20:00

案例 2   建筑物疏散问题

图 7-38 为一个运动场的布局. 在紧急情况下,运动场中的人员可以由位于四侧的门离开,门每分钟可以容纳 600 人. 这些门通向一个外部大厅,大厅每个方向、每分钟允许移动 350 人. 出大厅需要通过 4 个消防楼梯或者通过一个通往停车场的隧道,消防楼梯每分钟能容纳 400 人,隧道每分钟能容纳 800 人. 请计算一下该设计下可能的人员最大疏散量.

图 7-38

第8章 排 队 论

本章学习目标

● 了解排队论的基本概念.
● 掌握泊松输入——指数服务排队模型.
● 了解排队系统的优化目标与优化问题.

8.1 排队论的基本概念

8.1.1 排队系统的描述

排队是人们在日常生活中经常遇到的问题,如顾客到银行取钱、病人到医院看病,常常要排队. 一般来说,如果要求服务的人数超过服务机构(服务台、服务员等)的数量,到达的顾客不能立即得到服务,就会出现排队现象. 排队现象不仅在日常生活中出现,码头上的船只等待装货或卸货,要降落的飞机因跑道不空而在空中盘旋,生产线上的原料、半成品等待加工,因故障停止运转的机器等待工人修理等都是排队现象.

所谓**排队**,是指需要得到某种服务的对象加入等待的队列. 需要得到服务的对象统称为**顾客**,提供服务的人或机构等统称为**服务台**. 顾客和服务台构成一个系统,称为**服务系统**. 在一个服务系统中,如果一些顾客不能立即得到服务而需要等待,就会产生排队现象. 由于拥挤而产生排队现象的服务系统称为**排队系统**.

在现实世界中,排队现象是多种多样的,对上面所说的顾客和服务台要作广义的理解. 它们可以是人,也可以是物,可以是有形的,也可以是无形的. 不同的顾客与服务台组成了各式各样的排队系统,表8-1是一些排队系统的例子.

表 8-1

顾客	要求的服务	服务台
借书的学生	借书	图书管理员
电话呼叫	通话	交换台
提货者	提货	仓库管理员
待降落的飞机	降落	指挥塔台
储户	存款、取款	储蓄窗口、ATM
河水进入水库	放水、调整水位	水库管理员
书籍	阅读	读者
进港船舶	停靠泊位	码头（泊位）

顾客为了得到某种服务而到达系统，若不能立即获得服务而又允许排队等待，则加入等待队伍，待得到服务后离开系统. 任何一个排队问题的基本排队过程都可以用图 8-1 表示.

图 8-1

从基本的排队系统中可以引申出许多其他形式的排队系统，常见的几种排队系统的结构如图 8-2 所示.

（a）单队—单台服务系统

（b）单队—多台（并联）系统

图 8-2（一）

（c）多队—多台（并联）系统

（d）单队—多台（串联）系统

（e）多队—多台（混联、网络）系统

图 8-2（二）

8.1.2 排队系统的基本组成

一般的排队系统有 3 个基本组成部分：输入过程、排队规则和服务机构．下面分别说明各部分的特征．

1. 输入过程

输入过程是指要求服务的顾客按怎样的规律到达排队系统的过程，有时也称之为顾客流．一般可以从 3 个方面来描述输入过程．

（1）顾客总体数，又称顾客源、输入源．顾客源可以是有限的，也可以是无限的．如到售票处购票的顾客总数可以认为是无限的，而某个工厂因故障待修的机床数是有限的．

（2）顾客到达的方式．顾客到达的方式可能是单个的，也可能是成批的．例如到医院就诊有单个到达的病人，也有成批体检人员同时到达．

（3）顾客流的概率分布，或称相继顾客到达的时间间隔分布．相继顾客到达的时间间隔可以是确定的，也可以是随机的．如自动生产线上的产品到达各工序的时间间隔都是一定的，但多数排队系统中顾客的到达是随机的．

常见顾客流的概率分布有：

定长分布：顾客严格按照固定的时间间隔相继到达．

泊松流：顾客到达过程为泊松流．

爱尔朗分布：顾客相继到达的时间间隔相互独立且具有相同的爱尔朗分布密度．

一般独立分布：顾客相继到达的时间间隔相互独立且同分布．

2. 排队规则

排队规则具体分为以下 3 种：

（1）等待制．指顾客到达系统后，所有服务台都正被占用，顾客加入排队的行列等待服务，一直等到服务完毕后才离去．如排队等待售票，故障设备等待维修等．多数系统都属于这种机制．等待制中，服务台选择顾客进行服务时通常有以下 4 种规则：

1）先到先服务（First Come First Serve，FCFS）：按顾客到达的先后顺序对顾客进行服务，这是最普遍的情形．

2）后到先服务（Last Come First Serve，LCFS）：车船卸货时先卸后装进的货物，乘用电梯的顾客常是后入先出，重大消息优先刊登，都属于这种情况．

3）随机服务（Serve In Random Order，SIRO）：服务台空闲时，从等待的顾客中随机选出一个为之服务，而不管到达的先后．如对产品进行质量检查时，所采用的抽样检验方式就属于这种情况．

4）有优先权的服务（Priority Serve，PS）：如医院对危重病人优先诊治，老人、小孩优先进车站，遇到重要数据需要立即中断其他数据的处理等，均属于这种规则．

（2）损失制．顾客到达时，若所有服务台都被占用，则顾客自行消失．这种服务机制称为即时制．因为这样会损失掉许多顾客，故又称为损失制．如停车场就属于这种情况．

（3）混合制．这是等待制与损失制相结合的一种排队规则，一般是指允许排队，但又不允队列无限长下去．大体分为以下 3 种：

1）系统容量有限：当等待服务的顾客人数超过规定数量时，后来的顾客就自动离去，即系统的等待空间是有限的．

2）等待时间有限：顾客在系统中的等待时间不超过某一给定的长度 T，当等待时间超过时间 T 时，顾客将自动离去．如药房存放的药品过了有效期就被销毁，不能再等待给病人服用了．

3）逗留时间（等待时间与服务时间之和）有限：顾客在系统中的逗留时间不超过某一给定的长度 T，当逗留时间超过 T 后就自行消失．如出炉的铁水超过一定时间仍未浇注或浇注未完，就报废了．

3．服务机构

服务机构可以从以下 3 个方面来描述：

（1）服务机构数量及构成形式．从数量上来说，服务台有单台和多台之分．多服务台又分为串联、并联和网络等形式．

（2）服务方式．服务方式有单个服务和成批服务两种，如客车对在站台等候的顾客就实行成批服务．

（3）服务时间的分布．在多数情况下，对某一个顾客的服务时间是一随机变量，与顾客到达的时间间隔分布一样，服务时间的分布有定长分布、负指数分布、爱尔朗分布等．

8.1.3　排队系统的符号表示与分类

为了区别各种排队系统，根据输入过程、排队规则和服务机构的不同对排队模型进行描述或分类，可给出很多模型．肯道尔（Kendall）提出一个分类方法，称为"Kendall 记号"，目前被广泛采纳，其形式是

$$X/Y/Z/A/B/C$$

各符号的意义如下：

（1）X：相继顾客到达时间间隔的概率分布，可取 M、D、E_K、G 等，其中，M 表示到达过程为泊松过程或负指数分布，D 表示定长输入，E_K 表示 K 阶爱尔朗分布，G 表示一般相互独立的随机分布．

（2）Y：服务时间分布，所用符号与 X 相同．

（3）Z：服务台个数，取正整数．1 表示单个服务台，s（$s>1$）表示多个服务台．

（4）A：系统中顾客容量限额，或称等待空间容量．若系统中有 K 个等待位子（$0 \leqslant K \leqslant \infty$），当 $K=0$ 时，说明系统不允许等待，即为损失制；$K=\infty$ 时为等待制；K 为有限整数时为混合制．

（5）B：顾客源的数量，分有限与无限两种，用正整数或 ∞ 表示．

（6）C：服务规则，如 FCFS、LCFS、PS 等，FCFS 表示先到先服务的排队规则，LCFS 表示后到先服务的排队规则，PS 表示有优先权的服务的排队规则．

实际应用中，为了简便，规定了默认的省略形式：当排队规则是 FCFS 时，可省略，只用前 5 项记号；顾客源为无限时，第五项可省略；若系统顾客容量限额为 ∞，即为等待制时，第四项可省略．

8.1.4　主要数量指标和记号

1. 排队系统的主要数量指标

（1）队长和等待队长. 队长是指系统中的顾客数（排队等待的顾客数与正在接受服务的顾客数之和）；等待队长是指系统中正在排队等待服务的顾客数. 队长和等待队长一般都是随机变量. 队长的分布是顾客和服务员共同关心的，队长越长说明系统的服务效率越低，特别是对系统设计人员来说，如果能知道队长分布，就能确定队长超过某个数的概率，从而确定合理的等待空间. 由于队长是随机变量，因此希望能确定它的分布，至少应知道它的平均值.

（2）等待时间和逗留时间. 等待时间是指顾客在系统中排队等待的时间，即从顾客到达时刻起到开始接受服务止这段时间. 等待时间是个随机变量，也是顾客最关心的数量指标，因为顾客通常希望等待时间越短越好. 逗留时间是指顾客在系统中的停留时间，即从顾客到达时刻起至接受完服务为止这段时间，也是随机变量.

（3）忙期和闲期. 忙期是指从顾客到达空闲的服务机构起，到服务机构再次空闲的这段时间，即服务机构连续忙的时间. 这是个随机变量，是服务员最为关心的数量指标，因为它关系到服务员的服务强度. 与忙期相对的是闲期，即服务机构连续保持空闲的时间. 在排队系统中，忙期和闲期总是交替出现的.

除了上述几个基本数量指标外，还会用到其他一些重要指标. 如在损失制或系统容量有限的情况下，由于顾客被拒绝，而使服务系统受到损失的顾客损失率及服务强度等，也都是十分重要的指标.

2. 排队系统中的常用记号

$N(t)$：时刻 t 系统中的顾客数（又称为系统的状态），即队长.

$N_q(t)$：时刻 t 系统中排队的顾客数，即等待队长.

$T(t)$：时刻 t 到达系统的顾客在系统中的逗留时间.

$T_q(t)$：时刻 t 到达系统的顾客在系统中的等待时间.

上面给出的这些数量指标一般和系统运行的时间有关，直接求出它们的瞬时分布是很困难的. 一般地，排队系统在运行了一段时间后，都会趋于一个平稳状态，在平稳状态下，队长的分布、等待时间的分布和忙期的分布都和系统所处的时刻无关，而且系统的初始状态的影响也会消失. 本章将主要讨论统计平衡性质.

3. 主要性能指标

L：平均队长，即稳态系统任一时刻顾客数的期望值.

L_q：平均等待队长，即稳态系统任一时刻等待服务的顾客数的期望值.

W：平均逗留时间，即在任一时刻进入稳态系统的顾客逗留时间的期望值.

W_q：平均等待时间，即在任一时刻进入稳态系统的顾客等待时间的期望值.

这 4 项主要性能指标的值越小，说明系统排队越少，等待时间越少，因而系统性能越好. 它们是顾客与服务系统的管理者都非常关注的.

4. 参数数量指标

λ：平均到达率，即单位时间内平均到达的顾客数.

$1/\lambda$：平均到达时间间隔.

μ：平均服务率，即单位时间内平均服务的顾客数.

$1/\mu$：平均服务时间.

s：系统中服务台的个数.

ρ：服务强度，即每个服务台单位时间内的平均服务时间，一般有

$$\rho = \frac{\lambda}{s\mu}$$

N：稳态系统任意时刻的状态（系统中的所有顾客数）.

U：任一顾客在稳态系统中的逗留时间.

Q：任一顾客在稳态系统中的等待时间.

$P_n = P\{N = n\}$：稳态系统任一时刻状态为 n 的概率；特别地，当 $n=0$ 时，$P_n = P_0$，即稳态系统所有服务台全部空闲的概率.

λ_e：有效平均到达率，即期望每单位时间内来到系统（包括未进入系统）的顾客数.

8.1.5 排队论研究的问题与李特尔公式

1. 排队论研究的问题

排队论研究的问题按性质不同分成 3 类：性态问题，统计问题，优化问题.

（1）性态问题. 性态问题研究各种排队系统的概率规律性，主要研究队长分布、等待时间分布和忙期分布等，了解系统运行的基本特征. 这是通过运用数学模型对真实系统进行不同程度的理想化来达到的. 包括瞬态和稳态两种情形.

（2）统计问题. 研究统计问题的目的在于为真实系统建立数学模型. 通过数据分析、参数估计、假设检验等统计研究，判断一个给定的排队系统符合哪种模型，以便根据排队理论进行分析研究.

（3）优化问题．优化问题研究包括优化设计与优化运营，其基本目的是使系统处于最优或最合理的状态．前者是指设计一个未来的排队系统并使适当的数量指标最优化；后者是指控制一个排队系统，使之最有效地运行．

2. 李特尔公式

对于 L、L_q、λ_e、W、W_q 之间的关系，李特尔（Little）建立了相关的关系式．在系统达到稳态时，假定有效平均到达率为 λ_e，则有下面的公式：

$$L = \lambda_e W \tag{1}$$

$$L_q = \lambda_e W_q \tag{2}$$

假定平均服务时间为常数 $\dfrac{1}{\mu}$，则有

$$W = W_q + \frac{1}{\mu} \tag{3}$$

$$L = L_q + \frac{\lambda_e}{\mu} \tag{4}$$

因此，只要知道 λ_e 和 L、L_q、W、W_q 四者之一，其余 3 个就可由李特尔公式求得．

对于平均队长和平均等待队长，可用下列公式计算：

$$L = \sum_{n=0}^{\infty} n P_n \tag{5}$$

$$L_q = \sum_{n=s}^{\infty} (n-s) P_n = \sum_{n=0}^{\infty} n P_{s+n} \tag{6}$$

8.2 泊松输入——指数服务排队模型

本节讨论输入过程服从泊松分布、服务时间服从负指数分布的排队模型．

8.2.1 M/M/s/∞系统

$M/M/s/\infty$ 系统可称为顾客来源无限、队长不受限制的排队系统．当 $s=1$ 时为单台系统，当 $s>1$ 时为多台系统．若系统内的顾客数为 $n>s$，则 $n-s$ 个顾客在等待服务．

下面分别给出一个服务台（$s=1$）和多个服务台（$s>1$）排队系统各项数量指标的计算公式．

1. $s=1$ 的情形

此时排队系统各项数量指标的计算公式如下：

$$\rho = \frac{\lambda}{\mu} \tag{7}$$

$$P_0 = 1 - \rho \tag{8}$$

$$P_n = \rho^n(1-\rho) \tag{9}$$

$$L = \frac{\lambda}{\mu-\lambda} = \frac{\rho}{1-\rho} \tag{10}$$

$$L_q = \frac{\lambda^2}{\mu(\mu-\lambda)} = \frac{\rho^2}{1-\rho} = L\rho \tag{11}$$

$$W = \frac{1}{\mu-\lambda} \tag{12}$$

$$W_q = \frac{\lambda}{\mu(\mu-\lambda)} = W\rho \tag{13}$$

$$P\{N>k\} = \rho^{k+1} \tag{14}$$

$$P\{U>t\} = e^{-\mu t(1-\rho)} \tag{15}$$

例 8.2.1　高速公路收费处设有一个收费通道，汽车按照泊松流到达，平均每小时 180 辆，收费时间服从负指数分布，平均每辆车需要 15 秒．求

（1）车辆到达需等待的概率．

（2）系统内车辆数的期望值和排队等候车辆数的期望值．

（3）每辆车平均逗留时间和平均等待时间．

（4）车辆逗留时间超过 1 分钟的可能性．

（5）系统中有 3 辆车以上的概率．

解　根据题意，这是 $M/M/1$ 系统，先确定参数值．

$\lambda = 180$ 辆/60 分钟=3 辆/分钟，$\mu = \frac{60}{15}$ 辆/分钟=4 辆/分钟，故服务强度为

$\rho = \frac{\lambda}{\mu} = 0.75$，根据式（7）～式（15），进行下列计算．

（1）$P_{\text{wait}} = 1 - P_0 = 1 - (1-\rho) = 0.75$，即收费处有 3/4 时间是繁忙的，车辆到达需等待．

（2）$L = \frac{\rho}{1-\rho} = \frac{\lambda}{\mu-\lambda} = 3$（辆），$L_q = L\rho = 2.25$（辆）.

（3） $W = \dfrac{1}{\mu - \lambda} = \dfrac{1}{4-3} = 1$ （分）， $W_q = w\rho = 1 \cdot \dfrac{3}{4} = \dfrac{3}{4}$ （分）$= 45$ （秒）.

（4） $p\{U > 1\} = \mathrm{e}^{-\mu t(1-\rho)} = \mathrm{e}^{-4 \cdot 1 \cdot (1-0.75)} = \mathrm{e}^{-1} = 0.3679$.

（5） $p\{N > 3\} = \rho^{3+1} = (0.75)^4 = 0.3164$.

2. $s>1$ 的情形

此时系统的服务强度为

$$\rho = \frac{\lambda}{s\mu} \tag{16}$$

则系统的稳定概率可表示为

$$P_0 = \left[\sum_{n=0}^{s-1} \frac{1}{n!} \left(\frac{\lambda}{\mu} \right)^n + \frac{1}{s!(1-\rho)} \left(\frac{\lambda}{\mu} \right)^s \right]^{-1} \tag{17}$$

$$P_n = \begin{cases} \dfrac{1}{n!} \left(\dfrac{\lambda}{\mu} \right)^n P_0, & 1 \leqslant n \leqslant s \\[3mm] \dfrac{1}{s! s^{n-s}} \left(\dfrac{\lambda}{\mu} \right)^n P_0, & n > s \end{cases} \tag{18}$$

4 项主要性能指标为

$$L_q = \frac{\rho}{s!(1-\rho)^2} \left(\frac{\lambda}{\mu} \right)^s P_0 \tag{19}$$

$$L = L_q + \frac{\lambda}{\mu} \tag{20}$$

$$W = \frac{L}{\lambda} \tag{21}$$

$$W_q = \frac{L_q}{\lambda} \tag{22}$$

另外还有

$$P\{N \geqslant k\} = \sum_{n=k}^{\infty} P_n = \frac{1}{k!(1-\rho)} \left(\frac{\lambda}{\mu} \right)^k P_0 \tag{23}$$

例 8.2.2　某服务机构有 3 个服务窗口，顾客的到达服从泊松分布，平均每小时到达 54 人，服务时间服从负指数分布，平均每小时服务 24 人，若顾客到达后排成一队，依次向空闲窗口移动购票，这一排队系统可以看作 $M/M/s$ 排队系统，若顾客到达后在每个窗口各排一队，且进入队列后坚持不换，就形成 3 个队列，这时排队系统可以看作 3 个 $M/M/1$ 系统，试就这两种情况进行比较.

解 （1）对于前一种情况，有

$$\lambda = 54 \ （人/时），\quad \mu = 24 \ （人/时），\quad s = 3，\quad \rho = \frac{\lambda}{s\mu} = 0.75$$

该服务机构空闲的概率为

$$P_0 = \left[\sum_{n=0}^{s-1}\frac{1}{n!}\left(\frac{\lambda}{\mu}\right)^n + \frac{1}{s!(1-\rho)}\left(\frac{\lambda}{\mu}\right)^s\right]^{-1} = 0.0748$$

$$L_q = \frac{\rho}{s!(1-\rho)^2}\left(\frac{\lambda}{\mu}\right)^s P_0 = 1.7 \ （人）$$

$$L = L_q + \frac{\lambda}{\mu} = 3.95 \ （人）$$

$$W_q = \frac{L_q}{\lambda} = 1.7/54 = 0.0315 \ （时）=1.89（分）$$

$$W = \frac{L}{\lambda} = 0.07315 \ （时）=4.39（分）$$

顾客到达后必须等待的概率为

$$P\{n \geq 3\} = 1 - P_0 - P_1 - P_2 = 1 - 0.0748 - \left(\frac{\lambda}{\mu}\right)P_0 - \frac{1}{2!}\left(\frac{\lambda}{\mu}\right)^2 P_0 = 0.57$$

（2）对于后一种情况，对每个窗口而言，平均到达率为

$$\lambda_0 = \lambda_1 = \lambda_2 = 54/3 = 18 \ （人/时），\quad \rho = \lambda/\mu = 0.75$$

相应指标为

$$P_0 = 1 - \rho = 0.25$$

$$L = \frac{\lambda}{\mu - \lambda} = 3 \ （人）$$

$$L_q = \frac{\rho^2}{1-\rho} = 2.25 \ （人）$$

$$W_q = \frac{\lambda}{\mu(\mu-\lambda)} = 7.5 \ （分）$$

$$W = \frac{1}{\mu - \lambda} = 10 \ （分）$$

顾客到达后必须等待的概率为

$$P\{n \geq 1\} = 1 - P_0 = 0.75$$

两个排队系统的比较见表 8-2，从中可以看出，单队多服务台系统比多个单队单服务台系统有显著的优越性.

表 8-2

项目	M/M/3	M/M/1（单队）
空闲的概率	0.0748	0.25（每个服务台）
平均队长	3.95	9（整个系统）
平均等待队长	1.7	2.25（每个服务台）
平均逗留时间	4.39	10
平均等待时间	1.89	7.5
顾客必须等待的概率	0.57	0.75

8.2.2 M/M/s/r 系统

现实生活中的很多实际问题，属于顾客来源无限、队长受限制的排队模型，例如医院每天挂 50 个号，第 51 个到达者就会自动离去；理发店内等待的座位都满员时，后来的顾客就会另找其他理发店；等等. 这类模型的特点是当系统内的顾客数已经达到 r 时，再到达的顾客不进入系统，立即离去，另求服务. 这类排队模型记为 $M/M/s/r$ 系统.

下面给出这种模型中各项指标的计算公式.

1. $s=1$ 的情形

此时系统的服务强度为

$$\rho = \frac{\lambda}{\mu}$$

稳态概率为

$$P_0 = \begin{cases} \dfrac{1-\rho}{1-\rho^{r+1}}, & \rho \neq 1 \\[2mm] \dfrac{1}{r+1}, & \rho = 1 \end{cases} \tag{24}$$

$$P_n = \begin{cases} \rho^n P_0, & \rho \neq 1 \\ P_0, & \rho = 1 \end{cases} \qquad (n \leqslant r) \tag{25}$$

平均队长、平均等待队长为

$$L = \begin{cases} \dfrac{\rho}{1-\rho} - \dfrac{(r+1)\rho^{r+1}}{1-\rho^{r+1}}, & \rho \neq 1 \\[2mm] \dfrac{r}{2}, & \rho = 1 \end{cases} \tag{26}$$

$$L_q = L - (1 - P_0) \tag{27}$$

在系统容量有限的排队系统中，系统空间占满时，新到的顾客不能再进入系统，因此计算的到达率应为有效到达率．因为到达的潜在顾客能进入系统的概率为 $1 - P_r$，故系统的有效平均到达率为

$$\lambda_e = \lambda(1 - P_r) \tag{28}$$

根据李特尔公式即可求出 W_q 和 W．

例 8.2.3 某理发店为私人开办并自理业务，店内面积有限，只能安置 4 个座位供顾客等候，一旦满座，后来的顾客不再进店而离开．已知顾客到达服从泊松分布，平均到达速率为 2 人/时，理发时间平均为 20 分/人，服务时间服从负指数分布，求：

（1）顾客一到达就能理发的概率．

（2）系统中顾客数的期望值 L 和排队等待的顾客数的期望值 L_q．

（3）顾客在理发店内逗留时间的期望值 W．

（4）在可能到达的顾客中因客满而离开的概率．

解 由题意知，这是一个 M/M/1/r 系统，则

$$\lambda = 2 \text{（人/时）}, \quad \mu = \frac{60}{20} = 3 \text{（人/时）}, \quad \rho = \frac{\lambda}{\mu} = \frac{2}{3}, \quad r = 4 + 1 = 5 \text{（人）}$$

（1）顾客一到达就能理发的概率，即求理发店中无顾客的概率．由式（24）得

$$P_0 = \frac{1 - \rho}{1 - \rho^{r+1}} = \frac{1 - \dfrac{2}{3}}{1 - \left(\dfrac{2}{3}\right)^6} = 0.365$$

（2）由式（26）得

$$L = \frac{\rho}{1 - \rho} - \frac{(r+1)\,\rho^{r+1}}{1 - \rho^{r+1}} = 1.423 \text{（人）}$$

由式（27）得

$$L_q = L - (1 - P_0) = 0.788 \text{（人）}$$

（3）由李特尔公式和式（28）得

$$W = \frac{L}{\lambda(1 - P_r)} = \frac{L}{\lambda(1 - \rho^r P_0)} = 44.8 \text{（分）}$$

（4）当系统处于状态 r 时顾客不能进入系统，故 P_r 被称为顾客损失率．当理发店客满，即 $r = 5$ 时的概率就是顾客损失的概率．由式（25）得

$$P_5 = \rho^5 P_0 = 0.048$$

2. $s>1$ 的情形

此时系统的服务强度为

$$\rho = \frac{\lambda}{s\mu}$$

$$P_0 = \begin{cases} \left[\sum_{k=0}^{s} \frac{1}{k!}\left(\frac{\lambda}{\mu}\right)^k + \frac{s^s\rho(\rho^s - \rho^r)}{s!(1-\rho)}\right]^{-1}, & \rho \neq 1 \\ \left[\sum_{k=0}^{s} \frac{s^k}{k!} + (r-s)\frac{s^s}{s!}\right]^{-1}, & \rho = 1 \end{cases} \qquad (29)$$

$$P_n = \begin{cases} \frac{1}{n!}\left(\frac{\lambda}{\mu}\right)^n P_0 & (n=1,2,\cdots,s) \\ \frac{s^s\rho^n}{s!}P_0 & (n=s+1,s+2,\cdots,r) \end{cases} \qquad (30)$$

$$L_q = \begin{cases} \frac{\rho}{s!(1-\rho)^2}\left(\frac{\lambda}{\mu}\right)^s \{1-\rho^{r-s}[1+(r-s)(1-\rho)]\}P_0, & \rho \neq 1 \\ \frac{(r-s)(r-s+1)s^s}{2(s!)}P_0, & \rho = 1 \end{cases} \qquad (31)$$

$$L = L_q + \left(\frac{\lambda}{\mu}\right)(1-P_r) \qquad (32)$$

$$\lambda_e = \lambda(1-P_r) \qquad (33)$$

W、W_q 可按李特尔公式计算.

特别地,当 $r=s$ 时,例如影剧院、旅馆、停车场客满就不能等待空位了,这时的公式将简化如下:

$$P_0 = \left[\sum_{k=0}^{s} \frac{1}{k!}\left(\frac{\lambda}{\mu}\right)^k\right]^{-1} \qquad (34)$$

$$P_n = \frac{1}{n!}\left(\frac{\lambda}{\mu}\right)^n P_0 \qquad (n=0,1,\cdots,s) \qquad (35)$$

$$L_q = 0, \quad W_q = 0, \quad W = \frac{1}{\mu} \qquad (36)$$

$$L = \frac{\lambda}{\mu}(1-P_s) \qquad (37)$$

例 8.2.4 某加油站可同时为两辆汽车加油,同时可容纳三辆汽车等待,超过此限制顾客会自动离去. 汽车到达服从泊松分布, 平均每小时到达 32 辆, 加油时间服从负指数分布, 平均加油时间为每辆 3 分钟, 试求:

（1）系统潜在顾客的损失率.

（2）每辆汽车的平均逗留时间.

解　这是一个 $M/M/s/r$ 系统, $s=2$, $r=5$, $\lambda=32$ 辆/时, $\mu=60/3=20$ 辆/时, $\rho=\dfrac{\lambda}{s\mu}=\dfrac{32}{2\cdot20}=0.8$.

由式（29）和式（30）代入数据得

$$P_0=\left[\sum_{k=0}^{s}\frac{1}{k!}\left(\frac{\lambda}{\mu}\right)^k+\frac{s^s\rho(\rho^s-\rho^r)}{s!(1-\rho)}\right]^{-1}=0.156775$$

$$P_1=\frac{\lambda}{\mu}P_0=0.25084$$

$$P_2=\left(\frac{\lambda}{\mu}\right)^2\times\frac{1}{2!}P_0=0.200672$$

$$P_3=\frac{s^s}{s!}\rho^3P_0=0.160538$$

$$P_4=0.12843$$

$$P_5=0.102744$$

P_5 即系统潜在顾客的损失率.

按式（31）和式（32）计算 L_q、L, 得 L_q=0.7257（辆）, L=2.1612（辆）. 根据李特尔公式和式（33）得

$$W=\frac{L}{\lambda_e}=\frac{L}{\lambda(1-P_r)}\approx0.075\ （时）=4.5（分）$$

即每辆汽车平均逗留 4.5 分钟.

8.3　排队系统的最优化问题

从经济角度考虑, 排队系统的费用应该包含以下两个方面: 一是服务费用, 它是服务水平的递增函数; 二是顾客等待的机会损失（费用）, 它是服务水平的递减函数. 两者的总和呈一条 U 形曲线. 系统最优化的目标就是寻求上述合成费用曲线的最小点. 在这个意义下, 排队系统的最优化问题通常分为两类: 系统设计最优化和系统控制最优化. 前者称为静态问题, 目的在于使服务机构达到最大效益, 或者说, 在保证一定服务质量指标的前提下, 要求服务机构最为经济; 后者称为动

态问题，是指一个给定的排队系统，如何运营可使某个目标函数得到最优值.

由于系统动态最优控制问题涉及更多的数学知识，因此，本节只讨论系统静态的最优设计问题. 这类问题一般可以借助于前面所得到的一些表达式来解决.

本节仅就 μ、s 这两个决策变量的分别单独优化，介绍两个较简单的模型，以便读者了解排队系统优化设计的基本思想.

8.3.1 $M/M/1/\infty$ 系统的最优平均服务率 μ^*

设 c_s 为 $\mu=1$ 时服务机构单位时间的平均费用；c_L 为平均每个顾客在系统逗留单位时间的损失；z 为整个系统单位时间的平均总费用，为单位时间服务成本与顾客在系统逗留费用之和. 其中 c_s、c_L 均为可知. 则目标函数为

$$\min z = c_s\mu + c_L L \tag{38}$$

将式（10）即 $L = \dfrac{\lambda}{\mu-\lambda}$，代入式（38），得

$$z = c_s \cdot \mu + c_L \cdot \lambda \cdot \frac{1}{\mu-\lambda}$$

易见 z 是关于决策变量 μ 的一元非线性函数，由一阶条件

$$\frac{\mathrm{d}z}{\mathrm{d}\mu} = c_s - c_L \cdot \lambda \cdot \frac{1}{(\mu-\lambda)^2} = 0$$

解得驻点

$$\mu^* = \lambda + \sqrt{\frac{c_L \cdot \lambda}{c_s}} \tag{39}$$

根号前取正号是为了保证 $\rho<1$，即 $\mu^*>\lambda$，这样，系统才能达到稳态. 又由二阶条件

$$\frac{\mathrm{d}^2 z}{\mathrm{d}\mu^2} = \frac{2 \cdot c_L \cdot \lambda}{(\mu-\lambda)^3} > 0 \quad (因 \mu > \lambda)$$

可知式（39）给出的 μ^* 为 (λ,∞) 上的全局唯一最小点. 将 μ^* 代入式（38）中，可得最小总平均费用为

$$z^* = c_s \cdot \lambda + 2\sqrt{c_s \cdot c_L \cdot \lambda} \tag{40}$$

例 8.3.1 某厂医务室同时只能诊治一个病人，诊治时间服从负指数分布. 到医务室就诊的职工按泊松分布到达，平均每小时到达 3 人. 若平均每个职工停工一小时会给工厂造成 30 元损失，医务室每小时的单位服务成本为 40 元. 求该医务室的最优平均诊疗率.

解　这是一个典型的为 $M/M/1$ 系统设计最优服务率的问题. 其中 $c_s = 40$ 元/时，$c_L = 30$ 元/时，$\lambda = 3$ 人/时.

由式 $\mu^* = \lambda + \sqrt{\dfrac{c_L \cdot \lambda}{c_s}}$ ，得

$$\mu^* = 3 + \sqrt{\frac{30 \times 3}{40}} = 4.5 \ （人/时）$$

即最优服务率为 4.5 人/时.

8.3.2　$M/M/s/\infty$ 系统的最优服务台数 s^*

排队系统中增加服务台数目，可以提高服务水平，但会增加与之相关的费用. 下面以 $M/M/s$ 系统为例，研究在稳态情形下，如何确定使得单位时间全部费用（服务成本与等待费用之和）的期望值最小的最优服务台数 s^*. 目标函数为

$$\min z(s) = c_s \cdot s + c_L \cdot L(s) \tag{41}$$

其中，s 为并联服务台的个数（待定）；$z(s)$ 为整个系统单位时间的平均总费用，它是关于服务台数 s 的函数；c_s 为单位时间平均每个服务台的费用；c_L 为平均每个顾客在系统中逗留单位时间的损失；$L(s)$ 为平均队长，它是关于服务台数 s 的函数.

要确定最优服务台数 s^*，应使

$$z(s^*) = \min z(s) = c_s \cdot s + c_L \cdot L(s)$$

由于 s 取值离散，不能采用微分法或非线性规划的方法，因此采用边际分析法. 根据 $z(s^*)$ 最小的特点，有

$$\begin{cases} z(s^*) \leqslant z(s^* - 1) \\ z(s^*) \leqslant z(s^* + 1) \end{cases} \tag{42}$$

把式（41）代入式（42）中，得

$$\begin{cases} c_s \cdot s^* + c_L \cdot L(s^*) \leqslant c_s \cdot (s^* - 1) + c_L \cdot L(s^* - 1) \\ c_s \cdot s^* + c_L \cdot L(s^*) \leqslant c_s \cdot (s^* + 1) + c_L \cdot L(s^* + 1) \end{cases} \tag{43}$$

由此可得

$$L(s^*) - L(s^* + 1) \leqslant \frac{c_s}{c_L} \leqslant L(s^* - 1) - L(s^*) \tag{44}$$

令　　　　　$\theta = \dfrac{c_s}{c_L}$ 　　　　　(45)

依次计算 $s = 1, 2, \cdots$ 时的 $L(s)$ 值及每一差值 $L(s) - L(s+1)$，根据 θ 落在哪两个差值之间就可以确定 s^{*}.

例 8.3.2　某厂仓库负责向全厂工人发放材料. 已知领料工人按泊松流到达，平均每小时来 40 人，发放时间服从负指数分布，平均值为 2 分钟，每个工人去领料所造成的停工损失为每小时 300 元，仓库管理员每人每小时服务成本为 25 元. 问该仓库应配备几名管理员才能使总费用期望值最小？

解　由题意知，$\lambda = 40$ 人/时，$\mu = 60/2 = 30$ 人/时，$c_s = 25$ 元，$c_L = 300$ 元，$\dfrac{\lambda}{\mu} = \dfrac{4}{3}$，$\rho = \dfrac{\lambda}{s\mu} = \dfrac{4}{3s}$. 将 $\dfrac{\lambda}{\mu}$、ρ 代入式（17）、式（19）、式（20）得

$$P_0 = \left[\sum_{n=0}^{s-1} \frac{1}{n!}\left(\frac{4}{3}\right)^n + \frac{1}{s!}\frac{1}{1-\dfrac{4}{3s}}\left(\frac{4}{3}\right)^s \right]^{-1}$$

$$L(s) = L_q + \frac{\lambda}{\mu} = \frac{\left(\dfrac{4}{3}\right)^s\left(\dfrac{4}{3s}\right)}{s!\left(1-\dfrac{4}{3s}\right)^2}P_0 + \frac{4}{3}$$

当 $s = 1$ 时，$\rho = \dfrac{4}{3} > 1$，不满足系统达到稳态的条件 $p < 1$，此时 $L(1) \to \infty$. 依次计算 $s = 2$、3、4、5 时的 $L(s)$ 及其差值 $L(s) - L(s+1)$，见表 8-3.

表 8-3

s	$L(s)$	$L(s)-L(s+1)$
1	∞	
2	2.4	0.922
3	1.478	0.119
4[*]	1.359	0.021
5	1.338	

由于 $\dfrac{c_s}{c_L} = \dfrac{1}{12} = 0.083$，在区间 $(0.021, 0.119)$ 之间. 故 $s^{*} = 4$ 时总费用最小，即该仓库应配备 4 名管理员才能使总费用最小.

8.4 用 Lingo 软件求解排队模型

8.4.1 $M/M/s$ 系统的基本参数及应用举例

顾客等待的概率：Pwait=@peb(load,S)，其中 S 是服务台的个数，load=lambda/mu，lambda 是顾客的平均到达率，mu 是平均服务率.

顾客的平均等待时间：$W_q = $ Pwait/mu/(S-load).

顾客的平均逗留时间、队长和等待队长（李特尔公式）：

$$W = W_q + \frac{1}{\mu} = W_q + T, \ L = \lambda \cdot W, \ L_q = \lambda \cdot W_q$$

例 8.4.1 用 Lingo 软件求解例 8.2.1.

解 编写 Lingo 程序如下：

S=1;lambda=3;mu=4;load=lambda/mu;

Pwait=@peb(load,S);

W_q=Pwait/mu/(S-load);

L_q=lambda*W_q;

W=W_q+1/mu;

L=lambda*W;

P0=1- load;

运行结果如下：

Variable	Value
S	1.000000
LAMBDA	3.0000
MU	4.000000
LOAD	0.7500000
PWAIT	0.7500000
W_Q	0.7500000
L_Q	2.250000
W	1.000000
L	3.000000
P0	0.2500000

由运行结果可知，该高速公路收费处的有关运行指标如下：

车辆到达需等待的概率为 0.75，系统中的平均车辆数为 3 辆，等待的平均车辆数为 2.25 辆，车辆在系统中的平均逗留时间为 1 分钟，平均等待时间为 0.75 分钟，即 45 秒.

例 8.4.2　用 Lingo 软件求解例 8.2.2.

解　（1）单队多服务台的情况.

编写 Lingo 程序如下：

```
sets:
num/3/:S,Pwait,W_q,L_q,W,L;
endsets
data:
      s=3;
      enddata
lambda=0.9;mu=0.4;load=lambda/mu;
@for(num:Pwait=@peb(load,S);
      W_q=Pwait/mu/(S-load);
      L_q=lambda*W_q;
      W=W_q+1/mu;
      L=lambda*W;);
```

运行结果如下：

Variable	Value
LAMBDA	0.9000000
MU	0.4000000
LOAD	2.250000
S(3)	3.000000
PWAIT(3)	0.5677570
W_Q(3)	1.892523
L_Q(3)	1.703271
W(3)	4.392523
L(3)	3.953271

由运行结果可知，在单队多服务台情况下，该服务机构的有关运行指标如下：

顾客到达需等待的概率为 0.5677570，系统中的平均顾客数为 3.953271 人，等待的平均顾客数为 1.703271 人，顾客在系统中的平均逗留时间为 4.392523 分钟，平均等待时间为 1.892523 分钟.

（2）3 个单队单服务台情况.

编写 Lingo 程序如下：

```
S=1;lambda=0.3;mu=0.4;load=lambda/mu;
Pwait=@peb(load,S);
W_q=Pwait/mu/(S-load);
L_q=lambda*W_q;
W=W_q+1/mu;
L=lambda*W;
P0=1- load;
```

运行结果如下:

Variable	Value
S	1.000000
LAMBDA	0.3000000
MU	0.4000000
LOAD	0.7500000
PWAIT	0.7500000
W_Q	7.500000
L_Q	2.250000
W	10.00000
L	3.000000
P0	0.2500000

由运行结果可知,在 3 个单队单服务台情况下,该服务机构的有关运行指标如下:

顾客到达需等待的概率为 0.75,系统中的平均顾客数为 9 人(整个系统),等待的平均顾客数为 2.25 人(每个服务台),顾客在系统中的平均逗留时间为 10 分钟,平均等待时间为 7.5 分钟.

8.4.2 $M/M/s/r$ 系统应用举例

例 8.4.3 用 Lingo 软件求解例 8.2.3.

解 编写 Lingo 程序如下:

```
model:
sets:
state/1..5/:p;
endsets
lamda=2;mu=3;rho=lamda/mu;k=5;
lamda*p0=mu*p(1);
(lamda+mu)*p(1)=lamda*p0+mu*p(2);
@for(state(i)|i #gt#1 #and# i #lt#
k:(lamda+mu)*p(i)=lamda*p(i-1)+mu*p(i+1));
lamda*p(k-1)=mu*p(k);
p0+@sum(state:p)=1;
P_lost=p(k);lamda_e=lamda*(1-P_lost);
L=@sum(state(i)|i #le#k:i*p(i));
L_q=L-(1-p0);
W=L/lamda_e;
W_q=W-1/mu;
end
```

运行结果如下：

Variable	Value
LAMDA	2.000000
MU	3.000000
RHO	0.666666
K	5.000000
P0	0.3654135
P_LOST	0.4812030E-01
LAMDA_E	1.903759
L	1.422556
L_Q	0.7879699
W	0.7472354
W_Q	0.4139021
P(1)	0.2436090
P(2)	0.1624060
P(3)	0.1082707
P(4)	0.7218045E-01
P(5)	0.4812030E-01

由运行结果可知，该理发店的有关运行指标如下：

顾客到达就能理发的概率为 0.3654135，系统中的平均顾客数为 1.422556 人，等待的平均顾客数为 0.7879699，顾客在理发店内逗留时间的期望值为 0.7472354 小时，等待时间的期望值为 0.4139021 小时．在可能到达的顾客中因客满而离开的概率就是系统中有 5 个顾客的概率，即：0.0481203．

例 8.4.4　用 Lingo 软件求解例 8.2.4.

解　编写 Lingo 程序如下：

```
model:
sets:
state/1..5/:p;
endsets
lamda=32;mu=20;rho=lamda/mu;s=2;k=5;
lamda*p0=mu*p(1);
(lamda+mu)*p(1)=lamda*p0+2*mu*p(2);
@for(state(i)|i #gt#1 #and# i #lt# s:
(lamda+i*mu)*p(i)=lamda*p(i-1)+(i+1)*mu*p(i+1));
@for(state(i)|i #ge# s #and# i #lt# k:
(lamda+s*mu)*p(i)=lamda*p(i-1)+s*mu*p(i+1));
lamda*p(k-1)=s*mu*p(k);
p0+@sum(state:p)=1;
P_lost=p(k);lamda_e=lamda*(1-P_lost);
```

L=@sum(state(i):i*p(i));

L_q=L-lamda_e/mu;

W=L/lamda_e;

W_q=W-1/mu;

运行结果如下：

Variable	Value
LAMDA	32.00000
MU	20.00000
RHO	1.600000
S	2.000000
K	5.000000
P0	0.1567752
P_LOST	0.1027442
LAMDA_E	28.71219
L	2.161240
L_Q	0.7256309
W	0.7527257E-01
W_Q	0.2527257E-01
P(1)	0.2508403
P(2)	0.2006723
P(3)	0.1605378
P(4)	0.1284302
P(5)	0.1027442

由运行结果可知，该加油站的有关运行指标如下：

车辆到达就能加油的概率为 0.1567752，系统中的车辆数为 2.161240 辆，等待的平均车辆数为 0.7256309，车辆在加油站内逗留时间的期望值为 0.07527257 小时，即 4.5 分钟，等待时间的期望值为 0.02527257 小时，即 1.5 分钟. 在可能到达的车辆中因客满而离开的概率就是系统中有 5 个顾客的概率 $P(5)$，即系统潜在顾客的损失率为 0.1027442.

习　题　8

1. 思考题

（1）排队论主要研究的问题是什么？

（2）试述排队模型的种类及各部分的特征.

（3）Kendall 符号 $X/Y/Z/A/B/C$ 中各字母分别代表什么意义？

（4）如何对排队系统进行优化（服务率，服务台数量）？

2．一个单人理发店，顾客到达服从泊松分布，平均到达时间间隔为 20 分钟，理发时间服从负指数分布，平均时间为 15 分钟．求：

（1）理发店内无顾客的概率．

（2）有 n 个顾客在理发店内的概率．

（3）理发店内顾客的平均数和排队等待的平均顾客数．

（4）顾客在理发店内的平均逗留时间和平均等待时间．

3．某修理部有一名电视修理工，来此修理电视的顾客到达为泊松流，平均间隔为 40 分钟，修理时间服从负指数分布，平均时间为 30 分钟．求：

（1）顾客不需要等待的概率．

（2）修理部内要求维修电视的平均顾客数．

（3）到修理部内维修电视顾客的平均逗留时间．

（4）如果顾客平均逗留时间超过 1.5 小时，则需要增加维修人员或设备．问顾客到达率超过多少时，需要考虑此问题？

4．某订票点提供火车票电话预订服务，订票点有 1 台电话机，有一位服务人员接听电话，假定打电话订票的顾客数服从泊松流，每小时有 6 个订票电话；通话时间服从负指数分布，平均订票时间需要 4 分钟．试求：

（1）电话线路闲和繁忙的概率．

（2）系统内有 2 名订票顾客的概率．

（3）系统内顾客平均数．

（4）系统内顾客在线等待的平均数．

（5）顾客在线上的平均逗留时间．

（6）顾客的平均等待服务时间．

5．平均每小时有 6 列货车到达某货站，服务率为每小时两列，问要设计多少个站台才能使货车等待卸车的概率不大于 0.05？设该系统为 $M/M/s$ 排队模型．

6．某汽车加油站只有一台加油泵，且场地至多只能容纳 3 辆汽车，当站内场地占满车时，到达的汽车只能去别处加油．汽车的到达为泊松流，每 8 分钟一辆车，服务为负指数分布，每 4 分钟一辆车．加油站有机会租赁毗邻的一块空地，以供多停放一辆前来加油的车，租地费用每周 120 元，从每个顾客那里期望净收益 10 元．设该站每天开放 10 小时，问租借场地是否有利？

7．理发馆可同时为两人理发，另外有 3 把椅子供顾客等待，当全部坐满后，后来者便自动离去．顾客到达间隔和理发时间均为相互独立的指数分布，平均每小时到达 3 人，理发时间为 20 分钟．试求潜在顾客的损失率和平均逗留时间．

8．银行有 3 个窗口办理个人储蓄业务，顾客到达服从泊松流，到达速率为

1 人/分，办理业务时间服从负指数分布，每个窗口的平均服务速率为 0.4 人/分．顾客到达后取得一个排队号，依次由空闲窗口按号码顺序办理储蓄业务．求：

（1）所有窗口都空闲的概率．

（2）平均队长．

（3）平均等待时间．

（4）顾客到达后必须等待的概率．

9．兴建一座港口码头，只有一个装卸船只的泊位．要求设计装卸能力，装卸能力单位为（只/日）船数．已知：单位装卸能力的平均生产费用 2 千元，船只逗留每日损失 1.5 千元．船只到达服从泊松分布，平均速率 3 只/日，船只装卸时间服从负指数分布，目标是每日总支出最少．

10．某检验中心为各工厂提供仪器检验服务，需要检验的仪器到来服从泊松流，平均到达率 λ 为每天 48 次，每次来检验由于停工等原因损失为 100 元．服务（作检验）时间服从负指数分布，平均服务率 μ 为每天 25 次，每设置 1 个检验员服务成本（工资及设备损耗）为每天 40 元．问应设几个检验员才能使平均总费用最小？

案 例

案例 1 物资发放问题

某工厂仓库为了研究发放某种物资应设几个窗口，对于领取和发放情况分别做了以下调查记录：以 10 分钟为一段，记录了 100 段时间内每段到来领取工具的人数，如表 8-4 所示；记录了 1000 次发放物资所用时间，如表 8-5 所示．

表 8-4

每 10 分钟领取物资的人数	次数
5	1
6	0
7	1
8	1
9	1
10	2
11	4

续表

每 10 分钟领取物资的人数	次数
12	6
13	9
14	11
15	12
16	13
17	10
18	9
19	7
20	4
21	3
22	3
23	1
24	1
25	1
合计	100

表 8-5

发放时间/秒	次数
15	200
30	175
45	140
60	104
75	78
90	69
105	51
120	47
135	38
150	30
165	16
180	12

续表

发放时间/秒	次数
195	10
210	7
225	9
240	9
255	3
270	1
285	1
合计	1000

试求：（1）平均到达率和平均服务率.

（2）若假设到来的人数服从参数 λ =1.6 的泊松分布，服务时间服从参数 μ =0.9 的负指数分布，这个假设是否合理？利用统计学的方法证明.

（3）只设一个服务窗口是否可以，说明原因. 分别就服务窗口数 s =2、3、4 的情况计算等待时间.

（4）设领取物资的工人等待的费用损失为每小时 12 元，发放物资的窗口费用为每小时 6 元，每天按 8 小时计算，问应设几个窗口使总费用损失最小？

案例 2　客服中心人员设置问题

某公司客服中心的运营数据记录显示，有超过 30% 的客户等待超过 5 分钟才能接通客服. 公司希望能够优化服务，提升客户的体验. 请用排队论知识解决下面的问题.

（1）客服中心随机接受技术咨询，平均每小时接受 60 个. 由于技术咨询的类型是随机的，因此处理的时间是随机的，在这种情况下，时间通常很短，但个别情况下可能很长. 平均来说，每小时可以处理 5 个咨询. 公司要求 95% 的客户只需等待 1 分钟或更短时间接通客服才算达标. 公司应雇用多少员工？

（2）每位员工的时薪为 20 元，公司没有足够的资金来雇达到第（1）问客户服务水平所需的员工. 公司计划对客服人员进行培训以提升其服务水平，培训后每位客服人员每小时能够处理咨询的平均次数从 5 次增加到 8 次. 培训计划每小时为每位员工花费 10 元. 为达到（1）中所要求的客户服务水平，需要雇用和培训多少员工？

参 考 文 献

[1] 《运筹学》教材编写组. 运筹学[M]. 5 版. 北京：清华大学出版社，2021.

[2] 韩大卫. 管理运筹学[M]. 6 版. 大连：大连理工大学出版社，2010.

[3] 韩中庚. 应用运筹学——模型、方法与计算[M]. 北京：清华大学出版社，2007.

[4] 张杰. 运筹学模型与实验[M]. 北京：中国电力出版社，2007.

[5] 韩伯棠. 管理运筹学[M]. 5 版. 北京：高等教育出版社，2020.

[6] 谢金星，薛毅. 优化建模与 LINDO/LINGO 软件[M]. 北京：清华大学出版社，2005.

[7] 薛毅，耿美英. 运筹学与实验[M]. 北京：电子工业出版社，2008.

[8] 熊伟. 运筹学[M]. 3 版. 北京：机械工业出版社，2014.

[9] 胡运权. 运筹学习题集[M]. 5 版. 北京：清华大学出版社，2019.

[10] 宫世燊. 运筹学习题集[M]. 上海：同济大学出版社，1987.

[11] 夏伟怀，符卓. 运筹学[M]. 长沙：中南大学出版社，2011.

[12] 岳宏志，蔺小林. 运筹学[M]. 大连：东北财经大学出版社，2012.

[13] 吴祈宗. 运筹学[M]. 北京：北京理工大学出版社，2011.

[14] 于春田，李法朝，惠红旗. 运筹学[M]. 2 版. 北京：科学出版社，2011.

[15] 张杰，郭丽杰，周硕，等. 运筹学模型及应用[M]. 北京：清华大学出版社，2013.

[16] 郝英奇. 实用运筹学[M]. 北京：中国人民大学出版社，2011.

[17] 张伯生. 运筹学[M]. 北京：科学出版社，2008.

[18] 胡运权，郭耀煌. 运筹学教程[M]. 5 版. 北京：清华大学出版社，2018.

[19] 李水旺，田智慧，熊伟. 运筹模型与决策支持[M]. 郑州：黄河水利出版社，2009.

[20] 周溪召. 运筹学及应用[M]. 北京：化学工业出版社，2009.

[21] 焦宝聪，陈兰平. 运筹学的思想方法及应用[M]. 北京：北京大学出版社，2008.

[22] 李占利. 运筹学简明教程[M]. 2 版. 西安：西北工业大学出版社，2009.

[23] 吴立煦，罗万钧，赵可培. 运筹学习题与解答[M]. 2 版. 上海：上海财经大学出版社，2010.

[24] 罗纳德 L.拉丁. 运筹学[M]. 2 版. 肖勇波，梁湧，译. 北京：机械工业出版社，2018.